KB041348

마샤 스튜어트의
케이크 퍼펙션

100개 이상의 소중한 클래식 레시피,
간단한 것부터 휘황찬란한 것까지
케이크의 모든 것

Martha Stewart's CAKE Perfection

마샤 스튜어트의 케이크 퍼펙션

티나

주드와 트루먼, 그리고
이 책의 레시피를 오래도록 활용할
모든 젊은 친구들에게

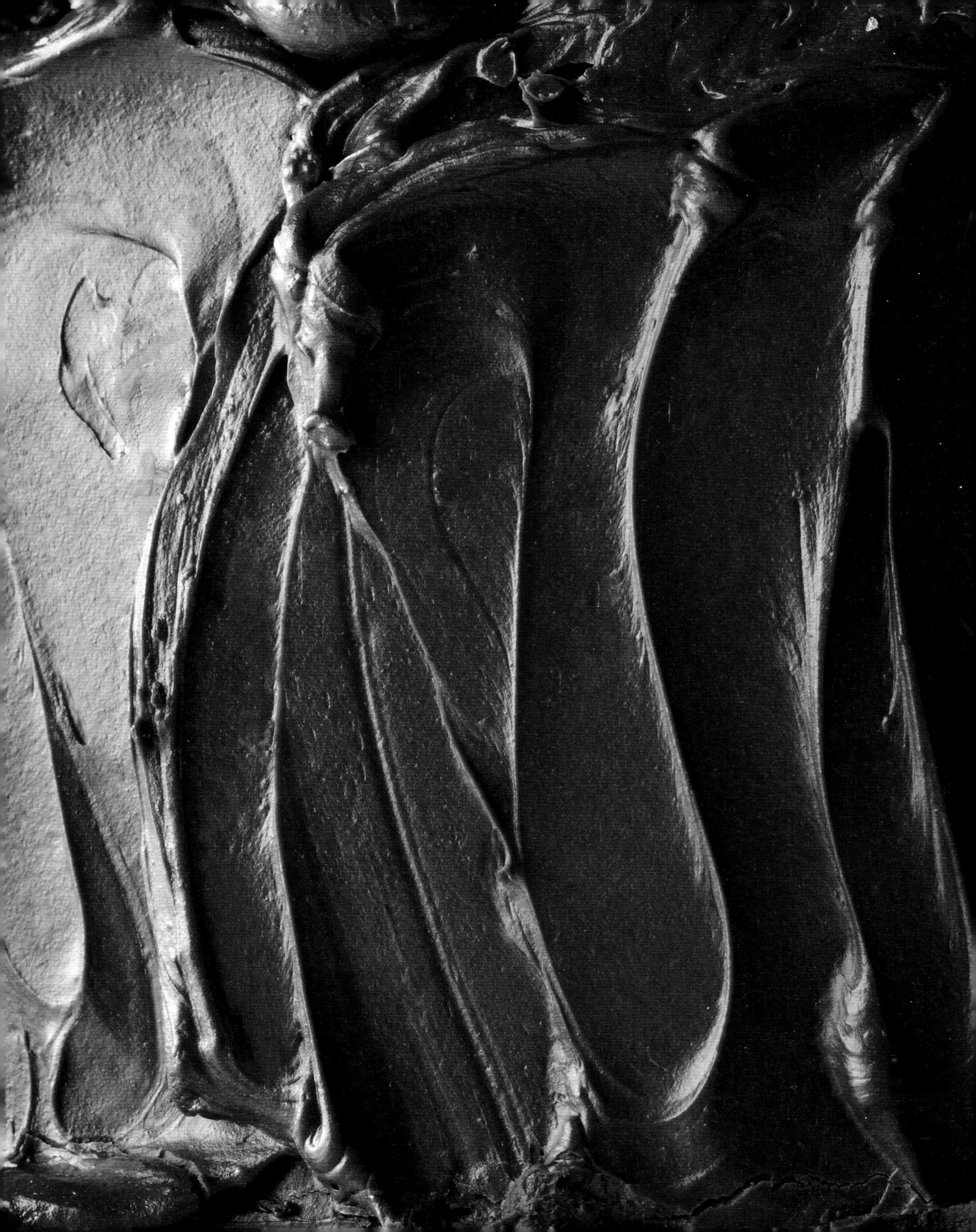

1 쇼 케이크

2 레이어 케이크

3 일상의 케이크

4 시트 케이크

5 컵케이크

6 축하 케이크

7 베이킹 기초

들어가며

얼마 전에 저는 전 사위와 손주들을 보러 갈 일이 있었는데, 거기서 초콜릿 바닐라 얼룩말 케이크 한 조각을 정성스레 대접받았습니다. 두 아이들이 구웠다는 그 케이크가 어쩜 그렇게 완벽하던지요. 줄무늬는 선명하게 표현되었고 프로스팅은 곱고 부드러웠으며 케이크는 폭신했습니다. 열두 살도 안 된 두 아이들이 그 복잡한 과정을 완벽하게 소화해낸 걸 보니 쇼 케이크, 레이어 케이크, 축하 케이크, 컵케이크의 레시피가 담긴 이 새로운 책이 충분히 성공할 것이라는 감이 왔습니다.

저와 제 딸 알렉시스, 그리고 주변의 많은 사람들은 축하할 일이 있을 때는 물론이고, 특별한 날이 아니어도 이런저런 일이 생길 때 케이크를 굽습니다. 굽고, 실험하고, 도전하는 것이 마냥 좋기 때문이에요. 저희는 이 책에서 새로운 케이크 및 옛날식 케이크들의 완성도를 높이기 위해 오랜 시간 공을 들였고, 각 케이크의 모양과 맛이 사진과 똑같이 나오도록 기법을 다듬었습니다. 여러분이 만든 케이크는 인스타그램에 올리기에 완벽할 것이고, 첫 조각을 자르고 나면 어느새 사라지고 없을 것입니다.

파이를 만들 때 따르는 황금 법칙이 있는 것처럼 케이크를 만들 때에도 주의를 기울여야 할 세부사항들이 있습니다. 재료나 도구를 모두 한 곳에 준비해두고 시작해야 갑작스럽게 당황할 일이 생기지 않습니다. 버터와 설탕을 기껏 크림화해놓았는데 밀가루를 사놓는 것을 깜박한 그런 상황은 달갑지 않으니까요. 팬도 레시피에 나오는 대로 준비하고 크기까지 세심하게 확인합니다. 몇 센티미터라도 그 차이가 큽니다! 날씨 또한 변수가 될 수 있어요. 시원한 날이 따뜻할 때보다 만들기 수월하고, 프로스팅을 바르고 장식을 하는 단계에서 에어컨을 틀면 더욱 정교하게 할 수 있습니다.

저는 제가 구운 케이크에 가족들이 기뻐하는 모습에서 행복을 느끼는 베이커입니다. 아버지는 오렌지 필링과 다크초콜릿 버터크림을 넣은 노란 케이크를 좋아하셨고, 어머니는 과일을 안에 넣거나 위에 얹은 케이크를 좋아하셨어요. 저는 레몬이 들어간 것은 무엇이든 항상 좋아해요. 그런 의미에서 46쪽의 레몬 무스 케이크를 추천해드릴게요. 알렉시스는 대형 케이크를 잘 굽는데, 저의 50번째 생일에 매머드 코코넛 디저트를 구워주었어요. 다채로운 맛과 엄청난 크기에 다들 환호했지요. 손주들인 주드와 트루먼에게는 아이스크림 케이크, 태양계 행성들, 그리고 이야기책에 나오는 사람과 사물을 본뜬 케이크를 만들어주었어요. 재료는 모두 천연이고 양질의 버터와 밀가루 및 크림을 사용했으니 보기에도 예쁜 케이크가 맛도 좋았답니다.

이 책의 알기 쉬운 설명에 따라 즐거운 베이킹 시간을 가져보세요. 케이크를 구울 특별한 일이 자주 생기길 기다리게 될 거예요. 망설이지 말고 일단 시작해보세요!

Martha Stewart

마샤 스튜어트

황금 법칙

1. 특별한 날에는 조금 더 맛있는 것 만들기

평범한 날일지라도 조금 더 특별해질 거예요. 쇼 케이크 챕터에 나오는 수채화 기법 같은 새로운 것을 익혀보고, 고전적인 쌓기 기법(78쪽 데블스 푸드 케이크, 누구 원하시는 분?)도 연습해보세요. 평일에 부담 없이 만들 수 있는 것으로는 루바브 크럼 케이크(115쪽)와 저희도 애용하는 대중적인 시트 케이크(142쪽 딸기 비스킷 시트 케이크로 함께 즐겨요)가 있습니다. 여러분의 동심을 자극할 컵케이크 챕터와 각종 홀리데이를 기념할 챕터도 마련했습니다. 각각의 레시피는 여러분이 베이킹을 하도록 용기를 북돋아주거나, 새로운 기술과 맛과 질감을 소개할 것입니다. 아니면 자신이 가장 좋아하는 것이 무엇인지 돌아보는 계기가 되기도 할 것입니다. 참, 기본 케이크와 프로스팅을 설명하는 챕터도 있으니 여러분의 상황에 맞게 응용하시길 바랍니다.

2. 준비 작업하기

본격적인 베이킹에 들어가기 전에 레시피를 끝까지 읽어봅니다. 필요한 도구들을 가까이 꺼내놓고 재료를 계량하고 온도를 맞춥니다. (버터와 달걀 같은 재료를 실온에 두라고 할 때가 있어요. 차가울 때보다 더 잘 섞이기 때문이에요. 예를 들어 버터는 설탕과 더 잘 섞여 더 쉽게 크림화되고, 달걀흰자는 더 크게 부풀어 오르고, 케이크는 더 부드럽고 잘 솟아올라요.) 그리고 케이크에 완벽한 아름다움을 선사하기 위해서는 사소한 단계라도 빠뜨리면 안 됩니다. 예를 들면 오프셋 스패출러로 팬에 담긴 반죽을 매끈하게 펼치거나 구운 케이크 층의 윗면을 평평하게 잘라내는 것 등이 있습니다.

3. 믹싱에 공들이기

이 책에는 두 가지 크림화 방법이 나옵니다. "클래식 크림화"는 버터와 설탕을 함께 섞은 다음 달걀과 가루 재료 및 액체 재료를 넣는 것입니다. 그리고 "리버스 크림화"는 가루 재료 다음에 버터를 넣는 것으로 훨씬 더 부드럽고 입 안에서 사르르 녹는 질감을 만들어냅니다.

4. 오븐 중앙에서 굽기

열이 고르게 전달되는 중간 선반을 이용하고 절반쯤 구워졌을 때 케이크 팬을 180도 회전시킵니다. 여러 층의 케이크를 굽느라 두 개의 선반이 필요할 때에는 상단 및 하단의 3분의 1층을 활용합니다. 케이크가 다 구워졌는지 판단하는 기준은 레시피에 적힌 시간 외에 여러 시각적 단서가 있습니다. 케이크가 팬의 옆면에서 분리되거나, 표면을 살짝 만졌을 때 되돌아오거나, 색이 노릇노릇하게 변하는 것을 예의주시하세요.

5. 케이크 충분히 식히기

케이크가 다 구워지면 팬을 식힘망으로 옮겨 식힙니다. 일반적으로 10분 정도 식히면 뒤집어 꺼낼 수 있는 상태가 됩니다. 식힘망에 케이크 층을 꺼내어 15분 이상 완전히 식힙니다. 이때 프로스팅을 실온에 꺼내두면 S자로 돌리는 등의 무늬를 내는 작업이 수월해집니다.

6. 크럼 코트하기

케이크를 근사하게 장식하기 위해서는 프로스팅을 두 번 바르길 권장합니다(네이키드 케이크는 제외). 얇게 펴 바르는(케이크가 보일 만큼 얇게) "크럼 코트" 또는 베이스 코트를 한 후에 차갑게 굳힙니다. 그다음 남은 프로스팅을 바릅니다(18쪽 참고). 크럼 코트가 겉도는 부스러기를 잡아주어 두 번째 코팅이 매끈하게 잘 발립니다.

7. 침착하게 장식하기

마샤 스튜어트의 케이크 퍼펙션에는 글레이징(22쪽 모조석 케이크) 같은 초보자를 위한 기초부터 쇼콜라티에 기술(196쪽 봄 둥지 케이크)처럼 숙련자들이 참고할 만한 노하우까지 다양한 기법이 담겨 있습니다. 이 책에 나오는 모든 짤주머니 장식은 작은 원형 깍지나 열린별 및 닫힌별 깍지와 같은 기본적인 깍지로 다 할 수 있습니다. 익숙해질 때까지 유산지에 먼저 연습한 다음 플라워 네일(베이킹 스토어에서 구입 가능)을 사용하여 꽃(및 선인장)을 짜보세요. 그리고 여분의 플레인 버터크림을 늘 준비해두시기 바랍니다(실수를 바로잡거나 너무 진한 프로스팅을 연하게 만들 때 유용해요).

주요 재료

달걀

달걀흰자는 팽창제 역할을 하며, 반죽에 넣기 전에 실온에서 휘저어 단단한 뿔이 형성된 상태(믹서의 거품기를 들어올릴 때 똑바로 서 있음)일 때가 가장 효율적입니다. 한편 달걀노른자는 유화제로서 지방과 액체를 결합시키는 역할을 하며, 매끄러운 질감을 내고 풍미를 돋웁니다. 케이크를 구울 때에는 달걀이 다른 재료들과 쉽게 섞이는 실온 상태일 때가 좋습니다. 그러므로 사용하기 30분 전부터 실온에 꺼내두고 만약 잊어버렸다면 따뜻한 물에 10분 동안 담가두면 됩니다. 반대로 차가울 때에는 흰자와 노른자를 분리하기 쉬우므로 레시피에 분리하는 단계가 나오면 실온 상태가 되기 전에 분리합니다.

밀가루

대부분의 요리사들이 비축해두는 밀가루는 중력분이지만 이 책에서는 박력분을 비롯하여 아몬드가루나 세몰리나 같은 대체 밀가루도 등장합니다. 케이크에 따라 기능이 다른 밀가루를 사용합니다. 중력분은 단백질 함량이 높아서 굽고 나면 박력분보다 거친 입자 또는 질감을 만들어내고, 박력분은 더 곱고 가벼운 질감을 만들어 냅니다. 중력분이 필요할 때 저희는 무표백 중력분을 사용합니다. 빵의 노화 현상이 자연적으로 진행되고 글루텐 형성 구조가 균일하기 때문이지요. 박력분과 "셀프라이징 밀가루"를 혼동하지 마세요. 셀프라이징 밀가루는 소금과 팽창제가 첨가되어 중력분에 더 가깝습니다. 밀가루를 계량하는 방법은, 입구가 넓은 통에 보관한 밀가루를 휘저어서 공기가 들어가게 한 다음 스푼으로 떠서 계량컵에 넣습니다. 그리고 오프셋 스패출러나 나이프의 긴 날로 상단을 평평하게 깎고 초과량을 다시 통 안으로 쓸어 넣습니다.

설탕

그래뉴당, 황설탕, 슈거파우더를 준비합니다. 정제된 사탕수수 또는 사탕무로 만든 그래뉴당이 가장 일반적이며 대부분 케이크에 기본적으로 들어갑니다. 황설탕은 그래뉴당에 몰라세스를 첨가한 것이고 흑설탕은 몰라세스의 함량을 더 높인 것입니다. 황설탕을 계량할 때는 기포나 뭉친 덩어리가 들어가지 않도록 계량컵에 단단하게 눌러 담습니다. 슈거파우더는 그래뉴당을 곱게 갈아 체에 거른 후 습기를 먹어 뭉치는 현상을 방지하기 위해 옥수수전분을 섞어 만듭니다. 주로 프로스팅을 만들거나 디저트 위에 뿌릴 때 이용합니다. 이때 체 쳐서 사용하면 덩어리를 걸러낼 수 있습니다.

버터와 오일

베이킹에 버터를 쓸 때는 두 가지를 기억해야 합니다. 바로 무염(나트륨 섭취량을 조절하기 위해)과 실온(설탕 등의 다른 재료와 더 쉽게 섞이도록)입니다. 손가락으로 누르면 움푹 들어간 자국이 남지만 형태가 녹아내릴 정도로 무르지 않은 상태가 좋기 때문에 베이킹 30분 전에 미리 꺼내놓습니다. 고운 입자의 크럼을 만들 때에는 버터 대신 식물성 오일을 사용하기도 합니다. 저희는 홍화씨 오일을 자주 사용합니다.

소금

코셔 소금(다이아몬드 크리스털 제품 선호)은 반죽에 빨리 녹아들기 때문에 저희가 자주 사용하는 소금입니다. 입자가 굵은 이 소금을 고운 소금이나 식탁용 소금으로 대체하지 마시길 바랍니다. 계량이 상당히 달라지기 때문이에요. 마일-하이 솔티드-캐러멜 초콜릿 케이크(98쪽) 등 몇 가지 레시피에는 말돈Maldon과 같이 얇고 납작한 소금을 쓰기도 합니다.

초콜릿

비터스위트에서 세미스위트에 이르는 초콜릿은 케이크 층, 프로스팅, 가나슈, 필링 등 다양한 곳에 쓰입니다. 카카오 비율이 높을수록(초콜릿 리큐르) 맛이 진해지므로 카카오 함량이 최소 61%인 것이 좋습니다. 초콜릿 단독으로 사용할 수도 있고 코코아가루와 함께 사용할 수도 있습니다. 저희는 보통 천연 코코아가루보다 무가당 더치-프로세스 코코아가루를 쓰는데, 왜냐하면 산도는 낮고 색은 더 진하며 맛 또한 부드러운 초콜릿을 만들 수 있기 때문이지요.

1/4
PYREX

기본 도구

케이크 팬
이 책의 레시피에서는 17~25㎝의 다양한 원형 팬이 사용됩니다. 테두리가 있는 베이킹시트의 경우 시트 케이크에는 23×33×5㎝ 크기의 팬이, 스펀지 케이크에는 25×38×2.5㎝ 크기의 젤리 롤 팬(매우 얇은 베이킹 팬)이 사용됩니다. 컵케이크에는 기본적인 머핀 틀이 필요하고, 그 밖에 스프링폼 팬, 무쇠팬, 로프 팬이 있으면 유용합니다.

탄력 있는 스패출러
녹인 초콜릿을 젓거나, 케이크를 프로스팅할 때나, 그릇에서 맛있는 반죽을 깨끗이 긁어모을 때 사용합니다. 실리콘 재질이 고무보다 열에 더 강한 편입니다.

오프셋 스패출러
각이 지게 꺾인 디자인 덕분에 반죽을 매끄럽게 펼치거나, 케이크를 프로스팅하거나, 정교하게 짜낸 장식을 옮기는 등 여러 가지 베이킹 작업에 매우 유용합니다.

유산지
팬에 깔거나 짤주머니 기법을 연습할 때 없어서는 안 되는 것으로 팬트리에 꼭 구비해놓아야 할 아이템입니다. 유산지를 자른 스트립을 케이크 아래에 끼워 넣고 케이크 장식을 하면 바닥을 깔끔하게 유지할 수 있습니다.

계량컵
밀가루 같은 가루 재료들을 계량하기에는 눈금 있는 컵이 좋고, 오일이나 우유와 같은 액체를 계량하기에는 투명한 컵이 좋습니다.

벤치 스크래퍼
스테인리스나 플라스틱 재질의 벤치 스크래퍼는 크럼 코트한 것을 매끄럽게 다지거나 케이크 층을 옮기거나 떨어진 것을 치울 때 유용합니다.

짤주머니와 깍지
짤주머니와 깍지는 낱개로 구매할 수도 있고 세트로 장만할 수도 있습니다. 기본 세트를 구비한 다음 실력이 늘어감에 따라 추가하는 것이 좋을 거예요. 깍지는 대부분 한 가지 이상의 크기로 구성됩니다.

빵칼
초콜릿과 견과류를 자르기에 안성맞춤입니다. 톱날이 있어 케이크 윗면을 평평하게 자르거나 케이크 층을 말끔하게 반으로 자르기에 좋습니다. 한 번에 가로질러 자를 만큼 넉넉한 길이를 선택합니다.

오븐 온도계
오븐 안에 하나 넣어두고 온도가 정확한지 확인하고 조절합니다.

제빵용 붓
크기별로 몇 개 구비해둡니다. 팬에 버터를 바르거나 프로스팅을 입히기 전 부스러기를 털어내거나 글레이즈 및 녹인 초콜릿을 바를 때 유용합니다.

나무 꼬치
꼬치, 이쑤시개, 도웰이 있습니다. 꼬치(또는 케이크 테스터)는 케이크가 다 구워졌는지 찔러볼 때 사용합니다. 이쑤시개는 식용 색소로 아이싱을 물들이거나 케이크 자를 위치를 표시할 때 씁니다. 도웰은 케이크 층을 견고하게 세울 때 사용합니다.

식힘망
이 책에 나오는 거의 모든 레시피에는 팬을 식힘망 위에서 식히는 단계가 있습니다. 식힘망이 지면에서 떠 있으므로 팬 밑으로 공기가 잘 순환됩니다.

케이크 보드
둥글게 자른 케이크 보드에 버터크림을 살짝 발라 케이크 층을 고정시킵니다. 그러면 프로스팅을 입히는 동안 케이크를 턴테이블에서 냉장고로 편리하게 옮길 수 있고 서빙할 테이블로도 쉽게 옮길 수 있습니다. 또한 개별 케이크 층을 따로 옮길 때에도 사용합니다. 케이크 전문점이나 온라인 상점에서 구매 가능합니다.

턴테이블
케이크를 장식할 때 돌려가며 할 수 있습니다. 회전식 턴테이블이 없는 경우 케이크 스탠드로 대신하거나 뒤집은 볼 위에 접시를 올려놓으면 됩니다(표지 참조).

기본 프로스팅 기술

1. 케이크 윗면 정돈하기

케이크를 구워 팬에서 잠깐 식힌 후, 케이크 층 윗면이 위를 향하도록 식힘망 위에 꺼내고 완전히 식힙니다. 긴 빵칼로 각 케이크 층의 윗면을 평평하게 자릅니다. 제빵용 붓으로 떨어진 부스러기를 말끔히 털어냅니다.

2. 필링 펴 바르기

케이크 스탠드나 접시 둘레에 유산지 스트립을 깔아두면 바닥을 깔끔하게 유지할 수 있습니다. 케이크 스탠드에 첫 번째 케이크 층의 잘린 면이 위를 향하도록 놓습니다. 작은 오프셋 스패출러로 윗면에 필링 1~1½컵을 고르게 펴 바릅니다. 프로스팅을 케이크 층 가운데에 떨어뜨린 다음 가장자리로 펴 바릅니다. 오프셋 스패출러를 이용하면 필링을 매끄럽고 균일하게 바를 수 있어 케이크를 견고하게 쌓아올릴 수 있습니다.

3. 크럼 코트하기

두 번째 케이크 층은 잘린 면이 아래를 향하게 얹고 윗면에 필링을 바릅니다. 부드럽게 눌러 균형을 잡아줍니다. 얇게 베이스 코트하여 부스러기가 프로스팅 속으로 섞여 들어가지 않도록 합니다. 작은 오프셋 스패출러로 버터크림, 머랭 또는 기타 프로스팅 1~1½컵을 케이크 전체에 펴 바릅니다. 냉장실에 15~30분 동안 넣어둡니다.

4. 프로스팅을 바르고 매끄럽게 다듬기

큰 오프셋 스패출러로 버터크림 약 2½컵을 차갑게 굳힌 케이크 전체에 넉넉히 바릅니다. 먼저 윗면은 스패출러의 날을 케이크에 45도 각도로 세우고 턴테이블을 천천히 회전시키며 바릅니다. 그다음 케이크의 옆면은 바르면서 무늬를 넣거나 매끄럽게 정돈합니다. 매끄럽게 정돈하는 경우에는 벤치 스크래퍼가 유용합니다. 스크래퍼 날을 케이크 옆면에 수직으로 대고 한쪽 꼭짓점을 턴테이블에 접촉시킨 상태로 턴테이블을 천천히 돌립니다. 작은 오프셋 스패출러로 구석구석 다듬고 유산지 스트립을 조심스레 제거합니다. 케이크를 30분 동안 또는 레시피에 적힌 시간만큼 냉장보관합니다.

1
2
3
4

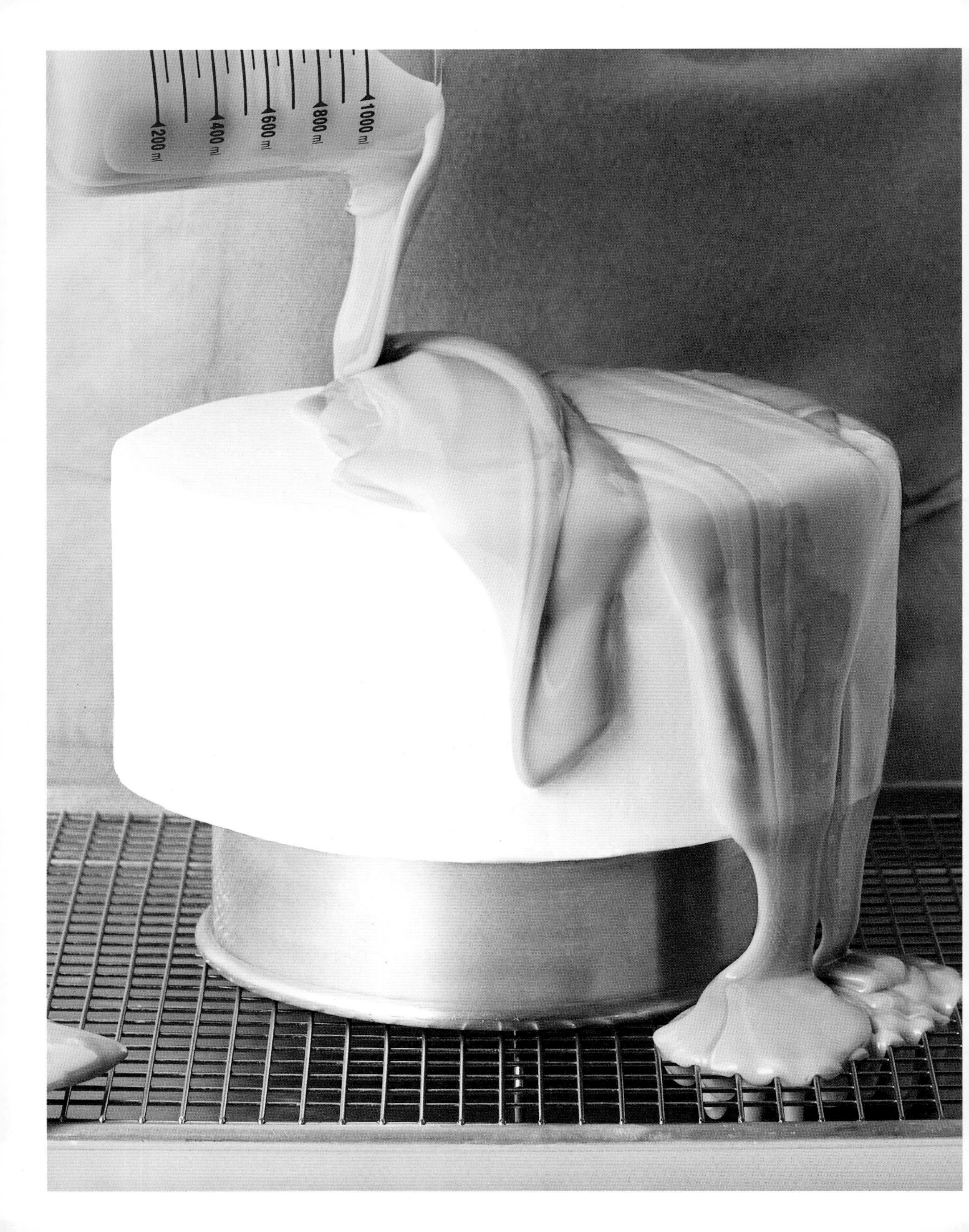
200 ml
400 ml
600 ml
800 ml
1000 ml

1
Show Cakes
쇼 케이크

이 아름다운 작품에는 여러 기술이 집약되어 있습니다.
짤주머니로 로제트 짜기, 반짝이는 글레이즈 만들기, 수직으로 층 쌓아올리기,
S자로 돌리거나 휘젓기, 흩뿌리기 등을 볼 수 있어요.
이 각각의 케이크들이 어떻게 쇼를 펼칠지 알고 있는 듯합니다.

Faux-Stone Cake

모조석 케이크

23㎝ 레이어 케이크 1개 분량

반짝임의 비결은 다양한 색조의 화이트초콜릿 글레이즈를 혼합하는 것입니다.
케이크(229쪽 베이직 초콜릿 케이크 참조) 위에 알맞은 온도의 글레이즈를 부어서 식히면 거울처럼 빛나는 표면이 만들어집니다.
저희는 세 가지 파란색 계열을 사용했지만, 여러분이 좋아하는 색을 조합해서 모조석을 복제해보세요.

23㎝ 케이크 2개(226쪽 믹스-앤-매치 케이크 참조)

프로스팅(237쪽 믹스-앤-매치 프로스팅 참조)

무향 젤라틴 3봉(1봉에 7g)

차가운 물 ½컵

설탕 1½컵

가당연유 198g

코셔 소금 한 꼬집

화이트초콜릿 340g: 굵게 자른 것

젤 식용 색소: 웨지우드, 스카이블루, 로열블루 등 파란 계열 3가지

1. 빵칼로 각 케이크 윗면을 평평하게 자릅니다. 유산지를 깐 베이킹시트 위에 식힘망을 올리고 첫 번째 케이크를 밑면이 아래를 향하도록 놓습니다. 프로스팅 ¼컵을 골고루 펴 바릅니다. 두 번째 케이크를 밑면이 위를 향하도록 쌓습니다. 프로스팅을 얇게 펴 발라 케이크 전체를 크럼 코트합니다. 냉동실에 넣고 약 2시간 동안 차갑고 단단하게 굳힙니다.

2. 작은 볼에 찬물을 담고 젤라틴을 뿌립니다. 부드러워질 때까지 약 5분 동안 놓아둡니다. 한편 작은 소스팬에 설탕, 연유, 소금, 물 ½컵을 넣고 약불에서 뭉근히 끓입니다. 불을 끄고 젤라틴 혼합물을 넣고 저으면서 녹입니다(혼합물은 손가락으로 비볐을 때 걸리는 알갱이 없이 부드러워야 함).

3. 중간 크기 볼에 화이트초콜릿을 담습니다. 초콜릿 위에 연유 혼합물을 붓고 5분 동안 놓아둡니다. 스패출러로 저은 다음 핸드블렌더로 혼합물이 부드러워질 때까지 섞습니다. 고운체를 큰 계량컵에 받치고 혼합물을 거릅니다.

4. 혼합물을 4개의 작은 볼에 나누어 담습니다. 3개의 볼에 젤 색소를 한 번에 한 방울씩 떨어뜨리며 원하는 색상을 만듭니다. 4개의 볼을 모두 다시 계량컵에 붓습니다(섞지는 마세요). 이 글레이즈가 캔디 온도계로 35℃가 될 때까지 식힙니다.

5. 유산지를 깐 베이킹시트 위에 식힘망을 올립니다. 차갑게 굳힌 케이크를 식힘망으로 옮깁니다. 이때 더 작은 크기의 케이크 팬이나 견고한 그릇을 받쳐서 높이를 올려보세요. 글레이즈를 부었을 때 더 잘 흘러내려 옆면까지 매끄럽게 덮일 것입니다.

6. 글레이즈를 앞뒤로 오가며 케이크 위에 붓습니다. (글레이즈가 잘 덮이도록 베이킹시트를 살살 흔들거나 조리대 위에 탁 두드림.) 기포가 생기면 꼬치나 이쑤시개로 터트립니다. 최소 30분 동안 글레이즈를 굳힙니다. 칼을 뜨거운 물에 담갔다가 물기를 닦은 후 쐐기 모양으로 자릅니다.

DECORATING TIP

케이크를 약 2시간 동안
차갑게 굳힌 다음 글레이즈를
부으면 무늬가 잘 안착됩니다.

S'mores Cake

스모어 케이크

20㎝ 레이어 케이크 1개 분량

캠프파이어의 고전적인 먹거리인 초콜릿, 그레이엄 크래커, 마시멜로의 조합이 더욱 세련되게 재탄생했어요.
초콜릿 대신 초콜릿 가나슈를 넣고, 마시멜로 대신으로는 마시멜로와 비슷하지만
더 가볍고 단맛이 덜한 스위스 머랭을 넣습니다.

케이크

무염버터 2스틱(1컵): 실온 상태 + 팬에 바를 약간

무표백 중력분 2컵 + 팬에 뿌릴 덧가루

그레이엄 크래커 부순 것 1컵

베이킹파우더 1큰술

코셔 소금 1작은술

계피가루 1작은술

그래뉴당 1½컵

눌러 담은 흑설탕 ½컵

큰 달걀 3개: 실온 상태

바닐라 엑스트랙트 2작은술

우유 1½컵

초콜릿 가나슈 필링(241쪽 참고)

"마시멜로" 토핑

그래뉴당 1½컵

연한색 콘시럽 1½컵

코셔 소금 ¼작은술

큰 달걀 4개의 흰자: 실온 상태

바닐라 엑스트랙트 1큰술

1. **케이크 만들기**: 오븐을 175℃로 예열합니다. 20㎝ 원형 케이크 팬 2개에 버터를 바릅니다. 팬 바닥에 유산지를 깔고 유산지에 버터를 바릅니다. 덧가루를 뿌리고 여분을 털어냅니다. 중간 크기 볼에 밀가루, 부순 그레이엄 크래커, 베이킹파우더, 소금, 계피가루를 넣고 섞습니다. 전동 믹서에 버터와 두 가지 설탕을 넣고 중속과 고속 사이에서 약 3분 동안 연한 미색으로 풍성해질 때까지 휘젓습니다. 도중에 필요에 따라 볼의 옆면을 긁어내려줍니다. 달걀을 한 번에 하나씩 넣으며 휘젓습니다. 바닐라 엑스트랙트를 추가합니다. 믹서를 저속으로 낮추고 밀가루 혼합물을 세 번으로 나누어 우유와 번갈아 넣으면서 섞습니다. 반죽을 준비된 팬에 골고루 나누어 담고 오프셋 스패출러로 윗면을 고릅니다. 황금 갈색이 될 때까지 약 45분 동안 굽습니다. 팬을 식힘망으로 옮겨 10분 동안 식힙니다. 식힘망 위에 케이크를 꺼낸 후 완전히 식힙니다.

2. **마시멜로 토핑 만들기**: 작은 소스팬에 그래뉴당, 콘시럽, 물 ½컵, 소금을 넣고 캔디 온도계로 177℃가 될 때까지 젓지 않고 강불에서 끓입니다. 달걀흰자를 전동 믹서의 중속에서 거품이 날 때까지 휘젓습니다. 믹서를 중속과 고속 사이로 높여 약 2분 동안 부드러운 뿔이 형성될 때까지 휘젓습니다. 믹서를 저속으로 낮추고 뜨거운 설탕 시럽을 믹서의 볼 한쪽에서 일정한 흐름으로 천천히 따릅니다. 혼합물이 단단하고 윤기가 날 때까지 약 7분 동안 휘젓습니다. 바닐라와 물 2큰술을 섞습니다. 중간 크기의 별깍지를 끼운 짤주머니로 옮겨 담습니다.

3. 빵칼로 각 케이크 층의 윗면을 평평하게 자르고, 가로로 잘라 총 4개의 층을 만듭니다. 1개의 케이크 층을 케이크 스탠드 위에 놓습니다. 짤주머니에 지름 0.6㎝의 원형 깍지를 끼우고 가나슈를 담습니다. 가나슈를 짜서 케이크 둘레와 안쪽 면을 채우고 작은 오프셋 스패출러로 골고루 펴 바릅니다. 5분 동안 냉장고에 넣어 차갑게 굳힙니다. 이 과정을 다른 두 개의 케이크 층에서도 반복합니다. 냉장고에 넣었던 바닥 층 1개를 꺼냅니다. 가나슈 바른 곳 위에 마시멜로 토핑을 링 모양으로 짠 후 작은 오프셋 스패출러로 펴 바릅니다. 두 번째 케이크 층을 얹습니다. 나머지 층으로도 반복하고 마지막 층을 얹습니다. 케이크 중앙에 도웰 두 개를 꽂고 케이크 높이보다 조금 짧게 자릅니다. 나머지 마시멜로 토핑을 케이크 윗면 둘레에 봉우리 모양으로 짭니다. 짤주머니를 90도 각도로 세워 짜고 봉우리 중간에서 힘을 빼고 들어올립니다. 주방용 토치로 고른 갈색이 될 때까지 그을립니다.

Citrus Cake with Edible Blossoms

식용 꽃을 수놓은 시트러스 케이크

20㎝ 레이어 케이크 1개 분량

이 예쁜 케이크에는 시트러스 향이 가득합니다. 레몬 케이크와 가벼운 라임-무스 필링, 이 모두를 풍성한 이탈리안 머랭 버터크림이 감싸고 있습니다. 여기에 아리따운 식용 꽃 몇 송이를 올리고 슈거 펄을 흩뿌린 다음 머랭을 곁들여 꾸며보세요. 어떤 자리든 화려하게 빛날 테지요.

무염버터 2½스틱(1¼컵): 실온 상태 + 팬에 바를 약간

무표백 중력분 3¾컵 + 팬에 뿌릴 덧가루

베이킹파우더 3¼작은술

베이킹소다 ¼작은술

코셔 소금 2작은술

설탕 2½컵

곱게 간 레몬제스트 2작은술 + 신선한 레몬즙 ¼컵

큰 달걀 5개: 실온 상태

버터밀크 1½컵: 실온 상태

시트러스 무스 필링(231쪽 참고)

이탈리안 머랭 버터크림(238쪽 참고) 또는 휘핑크림(242쪽 참고) 4컵

식용 꽃, 시판 머랭, 슈거 펄: 장식용

1. 오븐을 163℃로 예열합니다. 20×5㎝ 크기의 원형 케이크 팬 2개에 버터를 바릅니다. 바닥에 유산지를 깔고 유산지에 버터를 바릅니다. 덧가루를 뿌리고 여분을 털어냅니다. 중간 크기 볼에 밀가루, 베이킹파우더, 베이킹소다, 소금을 넣고 섞습니다.

2. 큰 볼에 버터, 설탕, 제스트를 넣고 전동 믹서 중속과 고속 사이에서 연한 미색으로 풍성해질 때까지 휘젓습니다. 달걀을 한 번에 하나씩 넣으며 젓고 필요에 따라 볼의 옆면을 긁어내려줍니다. 레몬즙을 넣고 젓습니다. 믹서를 저속으로 낮추고 밀가루 혼합물을 세 번으로 나누어 버터밀크와 번갈아 넣는데 밀가루로 시작하고 끝을 맺습니다.

3. 반죽을 준비된 팬에 골고루 나누어 담고 오프셋 스패출러로 윗면을 평평하게 고릅니다. 노릇노릇해지고 표면을 손가락으로 살짝 눌렀을 때 되돌아오는 정도까지 약 1시간 10분 동안 굽습니다. 고르게 구워지도록 중간에 팬을 앞뒤로 돌립니다. 팬을 식힘망으로 옮겨 10분 동안 식힙니다. 식힘망 위에 케이크를 꺼낸 후 완전히 식힙니다. (이 단계까지 만든 케이크는 랩으로 잘 싸서 최대 1일까지 냉장보관 가능합니다.)

4. 빵칼로 각 케이크 층의 윗면을 평평하게 자르고, 가로로 3개 층으로 잘라 총 6개의 층을 만듭니다. 20㎝ 케이크 팬에 유산지 띠 두 장을 깝니다. 7.5㎝ 정도를 팬 바깥으로 뺍니다.

5. 준비된 팬에서 케이크를 조립합니다. 팬에 케이크 층 밑면이 아래를 향하게 놓습니다. 그 위에 시트러스 무스 1컵을 골고루 펴 바른 후, 두 번째 케이크 층 역시 밑면이 아래를 향하게 쌓습니다. 같은 방식으로 각 층 사이에 시트러스 무스 1컵을 펴 바르며 쌓습니다. 마지막은 밑면이 위를 향하게 얹으세요. 랩으로 싸서 최소 1시간 또는 하룻밤 냉장실에 넣어둡니다.

6. 밖으로 빼낸 유산지를 잡고 케이크를 팬에서 들어올려 케이크 접시로 옮깁니다. 버터크림 1컵을 윗면과 옆면에 골고루 펴 발라 크럼 코트합니다. 15분 동안 냉장실에 넣습니다. 남은 버터크림 3컵을 윗면과 옆면에 골고루 펴 바릅니다. 원하는 대로 장식합니다.

DECORATING TIP

윗면 어느 한 모퉁이에서
시작하여 빙 둘러가며
장식합니다. 일부 빈
공간을 남겨둡니다.

BAKING TIP

머랭 굽는 시간은 부엌의 습도에 따라 달라집니다.
유산지가 쉽게 떨어질 만큼 굽는 것이 적당합니다.

Coconut-and-Strawberry Ice Cream Meringues

코코넛-딸기 아이스크림 머랭

12개 분량

바삭하면서 쫄깃한 머랭이 시원하고 크리미한 딸기 아이스크림을 만나 붉게 물든 케이크 같은 디저트가 되었답니다.
공기처럼 가벼운 연분홍빛 원판은 머랭을 유산지에 소용돌이 모양으로 짜고
코코넛을 뿌린 다음 마를 때까지만 살짝 구워 만듭니다.

설탕 1½컵

큰 달걀 6개의 흰자: 실온 상태

코셔 소금 한 꼬집

젤 식용색소: 튤립레드 등 붉은 계열

무가당 코코넛 채 ¼컵: 가느다란 것

시판 딸기 아이스크림: 부드러운 상태

딸기 6개: 반 자른 것, 장식용

1. 오븐을 80℃로 예열합니다. 4개의 베이킹시트에 각각 유산지를 깝니다. 유산지마다 지름 9㎝의 원 9개를 그려서 뒤집습니다.

2. 내열용기에 설탕, 달걀흰자, 소금을 넣고 중탕합니다. 만져보아 따뜻하고 설탕이 녹을 때까지 약 3분 동안 계속 젓고 불을 끕니다. 전동 믹서 중속과 고속 사이에서 단단하고 윤이 나는 뿔이 형성될 때까지 약 4분간 휘젓습니다. 식용 젤을 섞어 원하는 색을 냅니다(저희는 한 방울 떨어뜨렸어요).

3. 유산지의 네 꼭짓점 밑에 머랭을 조금 묻혀서 움직이지 않게 고정시킵니다. 각각의 원 안에 머랭을 3큰술 듬뿍 올리고 펼칩니다. 그중 12개에는 코코넛 1작은술을 뿌립니다.

4. 머랭이 건조되었지만 색은 변하지 않았고 유산지에서 쉽게 떨어지는 정도까지 1시간 30분~2시간 동안 굽습니다. 베이킹시트를 식힘망으로 옮겨 완전히 식힙니다.

5. 부드러운 아이스크림 ¼컵을 떠서 작은 오프셋 스패출러로 7.5㎝의 원반 모양으로 펼칩니다. 이 아이스크림 원반을 플레인 머랭 위에 놓습니다. 두 번째 플레인 머랭을 쌓고 두 번째 아이스크림 원반을 올리고 마지막에는 코코넛을 뿌린 머랭을 얹습니다. 유산지를 깐 베이킹시트로 옮깁니다. 남은 머랭과 아이스크림으로도 반복합니다. 최소 5시간에서 최대 1일까지 얼립니다. 딸기를 반으로 잘라 위에 얹고 서빙합니다.

Lemon Honey Cake

레몬 허니 케이크

20㎝ 레이어 케이크 1개 분량

소박해 보이는 이 케이크 안에는 꿀, 레몬, 그리고 카더멈가루가 스며 있어요.
오일, 우유, 꿀, 황설탕을 넣어 보드라운 4개의 케이크 층에 꿀을 더 바릅니다. 그다음 레몬 커드와 크림치즈가 만난 비단결 같은 필링을 펴 바릅니다. 벌집을 얹으면 한층 더 고급스러워진답니다.

케이크

베지터블 오일 쿠킹 스프레이

무표백 중력분 1¾컵

베이킹파우더 ¾작은술

베이킹소다 ½작은술

코셔 소금 1작은술

카더멈가루 ½작은술

꿀 1컵

우유 ½컵

홍화씨 오일 ½컵

큰 달걀 2개: 실온 상태

눌러 담은 황설탕 ¾컵

곱게 간 레몬제스트 1작은술

벌집 조각: 장식용(선택)

커드

큰 달걀 2개 + 큰 달걀 3개의 노른자

그래뉴당 ¾컵

신선한 레몬즙 ½컵(레몬 2~3개에서 짠 것)

크림치즈 227g: 정육면체로 자른 실온 상태

1. **케이크 만들기**: 오븐을 163℃로 예열합니다. 20㎝ 원형 케이크 팬 2개를 쿠킹 스프레이를 뿌려 코팅합니다. 유산지를 깔고 유산지에 스프레이를 뿌립니다. 중간 크기 볼에 밀가루, 베이킹파우더, 베이킹소다, 소금, 카더멈을 넣고 섞습니다. 또 다른 볼에 꿀 ½컵, 우유, 오일을 넣고 섞습니다. 전동 믹서에 달걀, 황설탕, 제스트를 넣고 걸쭉해질 때까지 고속에서 약 3분 동안 휘젓습니다. 믹서를 중속으로 낮추고 꿀 혼합물을 천천히 부으며 약 1분 동안 섞습니다. 믹서를 저속으로 낮추고 밀가루 혼합물을 천천히 부으며 잘 섞어줍니다.

2. 반죽을 준비된 팬에 골고루 나누어 담고 오프셋 스패출러로 윗면을 평평하게 고릅니다. 윗면을 살짝 눌렀을 때 되돌아오는 정도까지, 가장자리가 팬에서 분리되기 시작할 때까지 약 25분 동안 굽습니다. 팬을 식힘망으로 옮겨 20분 동안 식힙니다. 식힘망 위에 케이크를 꺼낸 후 완전히 식힙니다.

3. **커드 만들기**: 중간 크기 소스팬에 달걀, 달걀노른자, 그래뉴당, 레몬즙을 넣고 강불에서 약 2분 동안 걸쭉해질 때까지 계속 저으며 끓입니다. 불을 끄고 크림치즈를 한 번에 한 조각씩 넣으며 젓습니다. 고운체를 중간 크기 볼에 받치고 혼합물을 거릅니다. 덩어리를 눌러가며 약 2컵의 액체를 받고 남은 덩어리는 버립니다. 커드를 랩으로 밀착시켜 덮습니다. 냉장실에 넣고 최소 2시간에서 최대 1일까지 차갑게 보관합니다.

4. **조립하기**: 빵칼로 케이크 2개의 윗면을 평평하게 자르고, 각각을 가로로 반 잘라 총 4개의 층을 만듭니다. 케이크의 아래층을 케이크 스탠드 위에 놓고 꿀 2큰술을 펴 바릅니다. 커드 ½컵을 윗면의 가장자리 약간 안쪽까지 펴 바릅니다. 케이크 위층을 자른 단면이 위를 향하게 덮습니다. 그 위에 꿀 2큰술과 커드 ½컵을 펴 바릅니다. 두 번째 케이크 아래층을 올리고 똑같이 꿀 2큰술과 커드 ½컵을 펴 바릅니다. 마지막 케이크 층은 자른 면에 꿀 2큰술을 펴 바르고 윗면이 위를 향하게 똑바로 쌓습니다. 남은 커드 ½컵을 펴 바르면서 자유롭게 S자를 그리며 무늬를 냅니다. 냉장실에 최소 1시간에서 최대 6시간까지 보관할 수 있고, 벌집을 올려 장식하고 서빙합니다.

German Chocolate Bundt Cake

독일 초콜릿 번트 케이크

10~12인분

근사한 번트의 자태에 매끈한 초콜릿 글레이즈가 흐르고,
안에는 독일 초콜릿 케이크의 시그니처인 코코넛-피칸 토핑이 들어 있습니다.
버터밀크를 찾아오는 대신 우유와 식초를 섞어 5분 동안 놓아두기만 하면 됩니다.

케이크

피칸 1컵

무염버터 1½스틱(¾컵): 실온 상태 + 팬에 바를 약간

무표백 중력분 2컵과 2큰술 + 팬에 뿌릴 덧가루

무가당 코코넛 채 1¼컵: 가느다란 것

코코넛 크림 1컵(425g 캔에서)

우유 ¾컵: 실온 상태

화이트 증류 식초 2큰술

더치-프로세스 코코아가루 3큰술

베이킹소다 1작은술

코셔 소금 1¼작은술

설탕 1¼컵

큰 달걀 3개: 실온 상태

바닐라 엑스트랙트 2작은술

세미스위트 초콜릿 142g: 녹여서 약간 식힌 것

글레이즈

세미스위트 초콜릿 142g(1컵): 잘게 자른 것

헤비크림 ⅔컵

1. **케이크 만들기**: 오븐을 175℃로 예열합니다. 테두리가 있는 베이킹시트 위에 피칸을 한 겹으로 펼친 다음, 색이 약간 진해지고 향이 올라올 때까지 10~12분 동안 굽습니다. 약간 식힌 후 잘게 다집니다.

2. 10~15컵 용량의 번트 팬에 버터를 넉넉히 바릅니다. 덧가루를 뿌리고 여분을 털어냅니다. 소스팬에 코코넛 채, 코코넛 크림, 그리고 밀가루 2큰술을 섞고 끓입니다. 끓어오르면 중불로 줄인 다음 30초 더 끓입니다. 불을 끄고 피칸을 넣고 저은 후 완전히 식힙니다. 한편 우유와 식초를 넣고 저은 후 약 5분 동안 응고시킵니다.

3. 중간 크기 볼에 남은 밀가루 2컵, 코코아, 베이킹소다, 소금을 넣고 섞습니다. 큰 볼에 버터와 설탕을 넣고 전동 믹서 중속과 고속 사이에서 2~3분 동안 연한 미색으로 풍성해질 때까지 휘젓습니다. 달걀을 한 번에 하나씩 넣으며 휘젓습니다. 바닐라 엑스트랙트를 추가합니다. 믹서를 저속으로 낮추고 밀가루 혼합물을 세 번으로 나누어 우유 혼합물과 번갈아 넣는데 밀가루로 시작하고 끝을 맺습니다. 초콜릿을 추가합니다.

4. 반죽을 준비된 팬에 붓고 오프셋 스패출러로 윗면을 평평하게 고릅니다. 작은 아이스크림 스쿱으로 링 반죽 위에 코코넛 혼합물을 둥글게 뿌립니다. 바깥쪽 원과 안쪽 원 둘레로부터 1.3㎝씩 안으로 들어와 공간을 남겨둡니다. (케이크가 구워지면서 반죽 속으로 가라앉을 거예요.)

5. 케이크의 중앙에 나무 꼬치를 찔러보아 깨끗하게 묻어나오는 게 없을 때까지 45~50분 동안 굽습니다. 식힘망으로 옮겨서 20분 동안 식힙니다. 식힘망 위에 케이크를 꺼낸 후 완전히 식힙니다.

6. **글레이즈 만들기**: 내열용기에 초콜릿을 담습니다. 작은 소스팬에 헤비크림을 넣고 끓인 후 초콜릿 위에 붓고 5분 동안 놓아둡니다. 살살 저어 부드럽게 만듭니다. 약간 걸쭉하지만 여전히 따뜻하고 흘러내릴 정도일 때까지 약 5분 동안 그대로 둡니다. 케이크 위에 골고루 붓고 약 30분 동안 굳힙니다. 케이크 스탠드나 접시로 옮기고 얇게 썰어 서빙합니다. (글레이즈를 바른 케이크는 유산지와 알루미늄으로 된 양면 포일로 느슨하게 덮어 실온에서 최대 2일까지 보관할 수 있습니다.)

Strawberry Ombré Cake with Rose-Gold Leaf

로즈골드 금박을 붙인 딸기 옴브레 케이크

20㎝ 레이어 케이크 1개 분량

이처럼 화려한 핑크-로즈-골드 옴브레 작품을 보면 어떤 귀빈이 와도 대접하기에 부족함이 없을 것이라는 생각이 들어요. 다섯 가지 색상의 바닐라 케이크 사이에 딸기잼과 버터크림을 발라 겹겹이 쌓은 다음 로즈골드 금박으로 장식합니다. 저희는 초승달로 디자인해봤는데 간단히 케이크의 상단 테두리를 덮을 수도 있어요.

무염버터 2스틱(1컵): 스푼으로 자름, 실온 상태 + 팬에 바를 약간

박력분(셀프라이징 아닌 것) 3컵 + 팬에 뿌릴 덧가루

우유 1¼컵

큰 달걀 4개: 실온 상태

바닐라 엑스트랙트 1작은술

설탕 1¾컵

베이킹파우더 1큰술

코셔 소금 1작은술

젤 식용 색소: 딥핑크 등 분홍 계열

씨 없는 딸기잼 ½컵

레몬 ½개의 제스트와 즙

스위스 머랭 버터크림 2 레시피 (237쪽 참고)

식용 금박: 로즈골드 색상

1. 오븐의 상단 및 하단 3분의 1 위치에 선반을 끼우고 175℃로 예열합니다. 20㎝ 원형 케이크 팬 5개에 버터를 바릅니다. 각 팬에 유산지를 깔고 유산지에 버터를 바릅니다. 덧가루를 뿌리고 여분을 털어냅니다. 중간 크기 볼에 우유, 달걀, 바닐라를 넣고 섞습니다.

2. 큰 볼에 밀가루, 설탕, 베이킹파우더, 소금을 넣고 전동 믹서 저속에서 골고루 섞습니다. 버터를 조금씩 넣으면서 혼합물이 부슬부슬한 질감이 될 때까지 약 3분 동안 계속 저어줍니다.

3. 전기 믹서를 중속으로 높이고 우유 혼합물의 절반을 천천히 넣으며 풍성해질 때까지 약 2분 동안 휘젓습니다. 나머지 우유 혼합물도 천천히 넣고 필요에 따라 볼의 옆면을 긁어내려주며 휘젓습니다. 약 1분간 더 저으며 골고루 섞습니다. 반죽을 다섯 개의 볼에 나누어 담습니다(볼 하나에 한 컵 가득 담음).

4. 분홍 젤 색소로 4개의 반죽을 물들이는데, 반죽마다 색을 추가하여 음영을 만듭니다. 반죽을 준비된 5개의 팬에 옮겨 담아 가장자리까지 펼치고 작은 오프셋 스패출러로 윗면을 평평하게 고릅니다. 조리대에 탁 내려칩니다. 케이크 테스터로 가운데를 찔러보아 깨끗하게 나오는 정도까지 약 15분 동안 굽습니다. 5개의 팬을 식힘망으로 옮겨 완전히 식힌 다음 케이크를 꺼냅니다.

5. 한편 작은 소스팬에 잼과 레몬제스트 및 레몬즙을 넣고 약불에서 따뜻해질 때까지 데웁니다. 별도의 볼에 버터크림을 담고 젤 색소를 한 번에 한 방울씩 떨어뜨리며 원하는 연분홍색을 만듭니다.

6. 20㎝ 둥근 접시에 가장 진한 색의 케이크 층을 올립니다. 제빵용 붓으로 잼 혼합물을 얇게 펴 바른 후 버터크림 1컵을 오프셋 스패출러로 골고루 바릅니다. 이 과정을 4개의 케이크로 반복하는데 가장 진한 색에서 가장 연한 색 순으로 쌓습니다. 케이크 전체에 프로스팅을 얇게 바르며 크럼 코트합니다. 냉장실에 넣고 약 30분 동안 단단하게 굳힙니다. 케이크의 윗면과 옆면에 버터크림을 약 1.3㎝ 두께로 펴 바른 후 옆면을 오프셋 스패출러나 벤치 스크래퍼로 매끄럽게 다집니다. 냉장실에 약 20분 동안 넣어 차갑게 만듭니다. 물기가 없는 제빵용 붓으로 로즈골드 금박을 찢어서 케이크 위를 장식합니다.

DECORATING TIP
로즈골드 금박을 찢고
배치할 때 손가락이
아닌 마른 상태의 페인트
붓을 사용하세요.

BAKING TIP

신선한 리코타치즈가
반드시 필요합니다.
가벼운 질감에 달콤하고
꽃 향이 나는 대체
불가능한 재료예요. 거의
모든 대형 슈퍼마켓의
치즈 코너에서 구매할
수 있고 아니면 직접
만들 수도 있습니다
(245쪽 참고).

Pistachio Cannoli Cake

피스타치오 카놀리 케이크

20㎝ 레이어 케이크 1개 분량

리코타치즈 필링 안에 말린 과일, 견과류, 초콜릿이 콕콕 박힌 시칠리아의 대표 페이스트리를 오마주했습니다. 필링은 전통 방식 그대로 만들었고 모양은 원통에서 케이크 층으로 바꾸었어요. 버터가 많이 들어가는 원형 케이크는 오렌지 플라워 워터로 맛을 내고, 붓으로 녹인 초콜릿을 바르고, 다진 피스타치오로 점을 찍어줍니다.

케이크

무염버터 1스틱(½컵)과 2큰술: 실온 상태 + 팬에 바를 약간

무표백 중력분 1½컵 + 덧가루

껍질 벗긴 무염피스타치오 ½컵과 3큰술

베이킹파우더 1½작은술

베이킹소다 ¼작은술

코셔 소금 1작은술

그래뉴당 1컵

오렌지-플라워 워터 ¼작은술(선택)

큰 달걀 2개 + 큰 달걀 2개의 노른자: 실온 상태

사워크림 1컵

필링

신선한 리코타치즈 2¾컵

헤비크림 ¾컵

코셔 소금 ¼작은술

바닐라 엑스트랙트 1작은술

계피가루 ¼작은술

슈거파우더 ¾컵 + 장식용 약간

세미스위트 초콜릿 굵게 다진 것 113g(¾컵) + 녹인 것 70g(½컵)

설탕에 절인 오렌지 껍질 113g: 0.6㎝ 직육면체로 자른 것

1. **케이크 만들기**: 오븐을 175℃로 예열합니다. 20×5㎝ 크기의 원형 케이크 팬 2개에 버터를 바릅니다. 팬에 유산지를 깔고 유산지에 버터를 바릅니다. 덧가루를 뿌리고 여분을 털어냅니다. 푸드 프로세서에 피스타치오를 곱게 갈고 ¼컵을 따로 남겨둡니다. 밀가루, 베이킹파우더, 베이킹소다, 소금을 넣고 펄스 기능으로 섞습니다. 전동 믹서에 버터와 그래뉴당을 넣고 중속과 고속 사이에서 연한 미색으로 풍성해질 때까지 약 2분 동안 휘젓습니다. 선택사항인 오렌지-플라워 워터를 사용하려면 이때 넣고 섞습니다. 달걀과 달걀노른자를 한 번에 하나씩 넣고 볼의 옆면을 긁어내려주며 섞습니다. 피스타치오 혼합물을 세 번으로 나누어 사워크림과 번갈아 넣는데 피스타치오 혼합물로 시작하고 끝을 맺습니다.

2. 반죽을 케이크 팬에 골고루 나누어 담고 오프셋 스패출러로 윗면을 평평하게 고릅니다. 표면을 손가락으로 살짝 눌렀을 때 되돌아오는 정도까지 30~35분 동안 굽습니다. 고르게 구워지도록 팬을 앞뒤로 한 번 돌립니다. 팬을 식힘망으로 옮겨 10분 동안 식힙니다. 식힘망 위에 케이크를 꺼낸 후 1시간 동안 완전히 식힙니다. 랩으로 싸서 최소 1시간에서 하룻밤까지 냉장보관할 수 있습니다.

3. **필링 만들기**: 푸드 프로세서에 리코타치즈와 크림을 넣고 펄스 기능으로 부드러워질 때까지 섞습니다. 소금, 바닐라, 계피, 슈거파우더를 넣고 펄스 기능으로 섞습니다. 이 혼합물을 볼에 옮기고 굵게 다진 초콜릿과 오렌지 껍질을 넣고 저어줍니다. 밀폐용기에 담아 최소 1시간에서 최대 2일까지 차갑게 보관합니다.

4. 빵칼로 각 케이크의 윗부분을 평평하게 자르고, 각각 가로로 잘라 2개의 층을 만듭니다. 종이 케이크 보드 또는 접시에 모두 쌓습니다. 옆면에 녹인 초콜릿을 붓으로 바르고 따로 남겨둔 피스타치오를 붙여서 톡톡 두드려줍니다. 각각의 케이크 층으로 해체하여 약 10분 동안 냉장실에 넣어 굳힙니다. 케이크 층 1개를 밑면이 아래를 향하도록 케이크 스탠드에 놓습니다. 그 위에 필링 1½컵을 펴 바르고 두 번째 층을 쌓습니다. 나머지 필링과 케이크로도 반복하고 마지막 케이크 층은 밑면이 위를 향하게 뒤집어 덮습니다. 최소 1시간에서 최대 하룻밤 동안 냉장보관합니다. 슈거파우더와 남은 피스타치오를 뿌립니다.

Triple-Chocolate Ice Cream Cake

트리플-초콜릿 아이스크림 케이크

23㎝ 레이어 케이크 1개 분량

케이크 층이 수직으로 보여 그래픽 효과가 돋보이는 디저트랍니다. 이 모두는 두 가지 케이크에서 시작됩니다. 하나는 직사각형 젤리 롤 팬에 굽고 하나는 원형 팬에 굽습니다. 직사각형 케이크는 화이트초콜릿 가나슈를 바르고 스트립으로 자른 다음 아이스크림을 바르며 쌓습니다. 맨 위에는 휘핑크림을 올리고 밀크초콜릿 깎은 것을 얹으세요. “이런 건 어떻게 만들어요?”라는 질문이 쏟아질 거예요.

무염버터: 팬에 바를 약간, 실온 상태

무가당 더치-프로세스 코코아가루 ¾컵 + 팬에 뿌릴 덧가루

무표백 중력분 1½컵

설탕 1½컵

베이킹소다 1½작은술

베이킹파우더 ¾작은술

코셔 소금 ¾작은술

큰 달걀 2개: 실온 상태

버터밀크 ¾컵: 실온 상태

홍화씨 오일 3큰술

바닐라 엑스트랙트: 1작은술

따뜻한 물 ¾컵

화이트초콜릿 가나슈(241쪽 참고)

초콜릿 아이스크림 1.9리터: 부드러운 것

휘핑크림(242쪽 참고): 서빙용

밀크초콜릿 컬(245쪽 참고): 서빙용

1. 오븐을 175℃로 예열합니다. 23㎝ 원형 케이크 팬에 버터를 바릅니다. 팬에 유산지를 깔고 유산지에 버터를 바릅니다. 코코아가루를 뿌리고 여분을 털어냅니다. 이 과정을 40×26㎝ 크기의 젤리 롤 팬에서도 똑같이 반복합니다. 큰 볼에 코코아가루, 밀가루, 설탕, 베이킹소다, 베이킹파우더, 소금을 넣고 전동 믹서 저속으로 가볍게 섞습니다. 달걀, 버터밀크, 오일, 바닐라를 넣고 골고루 섞습니다. 따뜻한 물을 넣고 중속으로 높여 부드러워질 때까지 약 3분 동안 휘젓습니다.

2. 준비된 23㎝ 원형 케이크 팬에 반죽 1컵을 넣고 남은 반죽을 젤리 롤 팬에 넣습니다. 오프셋 스패출러로 반죽을 골고루 펴고 윗면을 매끈하게 고릅니다. 반죽이 굳고 케이크 테스터를 찔러보아 깨끗하게 나올 때까지 12~14분 동안 굽습니다. 팬을 식힘망으로 옮겨 15분 동안 식힙니다. 식힘망 위에서 케이크를 꺼낸 후 완전히 식힙니다.

3. 직사각형 케이크의 가장자리를 다듬어 길이를 맞춥니다. 가나슈를 얹고 가장자리까지 고르게 펴 바릅니다. 자로 재어 케이크를 4등분하여 쌓은 다음 부드럽게 눌러 서로 붙여줍니다. 랩으로 싸서 냉장실에 넣고 30분 동안 차갑게 굳힙니다. 케이크를 너비 2.5㎝의 스트립으로 길게 자른 후 각 스트립을 반으로 자릅니다(길이 9~10㎝가 되도록).

4. 23㎝ 케이크를 25㎝ 스프링폼 팬에 넣습니다. 케이크 둘레에 스트립을 넣어 팬 가장자리를 꽉 채웁니다. 팬 안쪽을 아이스크림으로 채우고 랩으로 싸서 하룻밤 얼립니다. 서빙 직전에 팬 둘레를 제거하고 휘핑크림을 위에 얹습니다. 초콜릿 컬로 장식합니다.

BAKING TIP

가나슈를 만들 때는 화이트초콜릿을 잘게 썰어야 고루 녹습니다. 너무 큰 덩어리는 속이 말랑해지기 전에 겉부터 녹기 때문에 녹은 부분이 너무 오랜 시간 동안 뜨거운 상태로 남게 되어 가나슈가 제대로 만들어지지 않거든요.

Watercolor Cake

수채화 케이크

20㎝ 레이어 케이크 1개 분량

좋아하는 인상파 화가가 있나요? 작품의 감동을 테이블로 가져와보세요.
예술적인 대리석 레이어 케이크는 내부와 같은 색상의 버터크림으로 덮여 있어요.
수채화 효과는 수채화를 그릴 때처럼 두 가지 색으로 물들인 버터크림을 플레인 버터크림과 섞고 경계를 흐리게 해서 표현합니다.

무염버터 3스틱(1½컵): 실온 상태 + 팬에 바를 약간

박력분(셀프라이징 아닌 것) 4½컵 + 팬에 뿌릴 덧가루

베이킹파우더 1½큰술

코셔 소금 ¾작은술

설탕 2컵

큰 달걀 6개: 실온 상태

바닐라 엑스트랙트 1큰술

우유 1½컵

홍화씨 오일 ¼컵

젤 식용 색소: 핑크와 라벤더

스위스 머랭 버터크림 2 레시피 (237쪽 참고)

1. 오븐을 175℃로 예열합니다. 20㎝ 원형 케이크 팬 3개에 버터를 바릅니다. 팬에 유산지를 깔고 유산지에 버터를 바릅니다. 덧가루를 뿌리고 여분을 털어냅니다. 큰 볼에 밀가루, 베이킹파우더, 소금을 넣고 섞습니다. 전동 믹서에 버터와 설탕을 넣고 중속과 고속 사이에서 연한 미색으로 풍성해질 때까지 약 5분 동안 휘젓습니다. 달걀을 한 번에 하나씩 넣고 볼의 옆면을 긁어내리며 휘젓습니다. 바닐라를 넣고 섞습니다. 밀가루 혼합물을 세 번으로 나누어 우유 및 오일과 번갈아 넣는데 밀가루로 시작하고 끝을 맺습니다.

2. 반죽을 3개의 볼에 나누어 담습니다. 2개 반죽을 젤 색소로 물들여 원하는 색을 만들고, 세 번째 반죽은 플레인 상태로 남겨둡니다(베이스 반죽이 될 것임). 플레인 반죽을 준비된 케이크 팬에 나누어 담고 물들인 반죽을 스푼으로 가득 떠서 플레인 반죽 위에 골고루 올립니다. 버터나이프나 꼬치를 팬 바닥까지 수직으로 꽂은 다음 이리저리 휘저어서 대리석 효과를 냅니다.

3. 노릇노릇해지고 케이크 테스터로 가운데를 찔러보아 깨끗하게 나오는 정도까지 30~35분 동안 굽습니다. 팬을 식힘망으로 옮겨 10분 동안 식힙니다. 식힘망 위에 케이크를 꺼낸 후 완전히 식힙니다. 빵칼로 케이크의 윗면을 평평하게 자릅니다.

4. 스위스 머랭 버터크림을 1컵 가득 담아 따로 놓습니다. 케이크 보드에 버터크림을 살짝 묻혀서 케이크 층의 밑면이 아래를 향하도록 놓고 고정시킵니다. 버터크림 1¼컵을 골고루 펴 바릅니다. 이 과정을 반복하고 마지막 층은 밑면이 위를 향하게 올립니다. 케이크 전체에 프로스팅을 얇게 펴 발라 크럼 코트한 후 약 30분 동안 냉장실에 넣어 굳힙니다.

5. 따로 남겨둔 버터크림을 3개의 볼에 나누어 담습니다. 케이크 반죽에 사용한 것과 똑같은 젤 색소로 원하는 색을 물들입니다. 케이크를 케이크 스탠드 위에 올리고 남은 플레인 버터크림으로 프로스팅합니다. 색이 물든 버터크림을 작은 오프셋 스패출러로 케이크 둘레에 찍어 바릅니다(버터크림을 남겨도 됨). 큰 오프셋 스패출러나 벤치 스크래퍼의 한쪽 날을 케이크 옆면에 대고 케이크 스탠드를 일정한 속도로 돌려 매끈하게 프로스팅합니다. 물들인 버터크림과 플레인 버터크림이 어우러져 수채물감으로 칠한 것 같은 효과가 납니다.

Cranberry Curd and Citrus Pavlova

크랜베리 커드와 시트러스 파블로바

8~10인분

새콤한 크랜베리-오렌지 커드가 바삭한 머랭의 달콤한 맛을 중화시키지요.
머랭의 볼륨을 최대한 살리기 위해서는 달걀이 신선해야 하고 흰자를 상온에서 휘저어야 합니다.
파블로바 위에 풍성한 휘핑크림과 좋아하는 시트러스 조각을 올리고, 구할 수 있다면 케이프 구스베리를 몇 개 얹어 장식합니다.

파블로바

설탕 1¼컵

옥수수전분 4작은술

큰 달걀 5개의 흰자: 실온 상태(노른자 2개는 크랜베리 커드용으로 따로 남겨둘 것)

신선한 레몬즙 1작은술

코셔 소금 ¼작은술

달콤한 시트러스 믹스 2½컵: 클레멘타인, 만다린, 네이블 · 카라카라 · 블러드 오렌지, 루비레드 자몽 작은 것 등(총 5~8가지)

조립

헤비크림 1¼컵

바닐라 엑스트랙트 ¾작은술

오렌지-블라썸 워터 ¼작은술(선택)

크랜베리 커드(233쪽 참고)

껍질 벗긴 케이프 구스베리 ½컵(선택)

1. 오븐을 120℃로 예열합니다. 유산지에 지름 23㎝의 원을 그리고 뒤집어서 베이킹시트에 깝니다.

2. **파블로바 만들기**: 작은 볼에 설탕과 옥수수전분을 넣고 섞습니다. 전동 믹서에 달걀흰자, 레몬즙, 소금을 넣고 저속에서 거품이 날 때까지 휘젓습니다. 믹서를 중속과 고속 사이로 높이고 설탕 혼합물을 천천히 넣습니다. 단단하고 윤이 나는 뿔이 형성될 때까지 10~12분 동안 휘젓습니다. 베이킹시트의 네 꼭짓점에 머랭을 약간 찍어 발라 유산지를 고정시킨 후 남은 머랭을 유산지에 그렸던 원의 가운데에 올립니다. 커다란 스푼으로 원의 가장자리까지 펼치고 중앙에 지름 약 13㎝에 깊이 2.5㎝인 홈을 팝니다.

3. 표면이 바삭하고 말랐지만 색이 나지 않을 정도까지 1시간 10분~1시간 20분 동안 굽습니다. 오븐을 끄고(문은 열지 마세요), 오븐 안에서 표면이 마르고 바삭해질 때까지 최소 2시간에서 최대 1일까지 식힙니다.

4. **쉬프렘 시트러스**: 과일을 도마에 올리고 날카로운 칼로 양끝을 잘라냅니다. 단면을 대고 과일을 세웁니다. 과일의 곡면을 따라 위쪽부터 겉껍질과 속껍질을 제거합니다. 밑에 중간 크기 볼을 받쳐서 흐르는 즙을 받아내며 속껍질 사이를 조심스럽게 잘라 과육을 분리합니다. 남은 속껍질을 짜서 즙을 받아내고 다른 용도에 쓰도록 보관해둡니다. 속껍질을 버립니다.

5. **조립하기**: 중간 크기 볼에 크림과 바닐라, 선택사항인 오렌지-블라썸 워터를 섞고 부드러운 뿔이 형성될 때까지 휘젓습니다. 머랭의 파인 홈에 크랜베리 커드를 채웁니다. 커드 위에 크림을 올리고 시트러스 쉬프렘과 선택사항인 구스베리를 얹습니다. 바로 서빙합니다.

BAKING TIP

궁금하더라도 열어보지 마세요!
파블로바는 낮은 온도에서
천천히 굽고 서서히 식혀야
제대로 마릅니다. 문을 열면 열이
급속히 방출되니 주의하세요.

Chocolate-and-Vanilla Zebra Cake

초콜릿-바닐라 얼룩말 케이크

23㎝ 레이어 케이크 1개 분량

진한 초콜릿 프로스팅 아래에 야생의 물결이 요동치고 있어요.
한 조각을 잘라보면 바닐라 초콜릿 케이크의 얼룩말 무늬가 생생히 펼쳐지지요.
알고 보면 무척 쉬운 기법으로, 팬 중앙에 반죽을 한 스푼씩 번갈아 떠 넣으며 동심원 고리를 만들면 된답니다.

케이크

무염버터 1스틱(½컵): 녹인 것 + 팬에 바를 약간

무표백 중력분 4컵

베이킹파우더 1큰술과 1작은술

코셔 소금 2작은술

큰 달걀 3개: 흰자와 노른자 분리함 + 달걀 4개의 흰자: 실온 상태

그래뉴당 2½컵

우유 2컵

홍화씨 오일 ½컵

바닐라 엑스트랙트 1큰술

무가당 더치-프로세스 코코아가루 ½컵

프로스팅

무가당 더치-프로세스 코코아가루 ⅔컵

인스턴트 에스프레소가루 1½작은술

코셔 소금 ½작은술

바닐라 엑스트랙트 1작은술

무염버터 2½스틱(1¼컵): 실온 상태

슈거파우더 1½컵

세미스위트 초콜릿 283g: 녹여서 식힌 것

연한색 콘시럽 3큰술

1. **케이크 만들기**: 오븐을 175℃로 예열합니다. 23㎝ 원형 케이크 팬 2개에 버터를 바릅니다. 팬에 유산지를 깔고 유산지에 버터를 바릅니다. 큰 볼에 밀가루, 베이킹파우더, 소금을 넣고 섞습니다.

2. 다른 큰 볼에 달걀흰자와 그래뉴당을 넣고 거품이 날 때까지 약 2분 동안 휘젓습니다. 우유 1½컵, 버터, 오일, 바닐라를 넣고 부드러워질 때까지 휘젓습니다. 밀가루 혼합물을 넣고 부드러워질 때까지 휘젓습니다. 또 다른 큰 볼에 달걀노른자, 우유 ⅓컵, 코코아를 넣고 휘젓습니다. 여기에 바닐라 반죽 3¼컵을 넣고 부드러워질 때까지 휘젓습니다. 남은 우유를 남은 바닐라 반죽에 넣고 휘젓습니다.

3. 바닐라 반죽 ¼컵을 스푼으로 떠서 준비된 2개의 팬 가운데에 각각 넣습니다. 바닐라 반죽 바로 위 중앙에 초콜릿 반죽 ¼컵을 스푼으로 떠 넣습니다. 스푼으로 반죽을 떠서 팬 가운데에 넣고 팬을 조리대 위에 툭 내려치는 이 과정을 남은 모든 반죽으로 반복합니다(동심원 고리 모양이 나와야 함).

4. 케이크가 살짝 부풀어 오르고 케이크 테스터로 가운데를 찔러보아 깨끗하게 나오는 정도까지 약 35~40분 동안 굽습니다. 고르게 구워지도록 중간에 팬을 앞뒤로 돌립니다. 팬을 식힘망으로 옮겨 10분 동안 식힙니다. 식힘망 위에 케이크를 꺼낸 후 완전히 식힙니다.

5. **프로스팅 만들기**: 코코아, 에스프레소가루, 소금, 뜨거운 물 ½컵, 바닐라를 휘저어 부드러운 반죽으로 만듭니다. 큰 볼에 버터와 슈거파우더를 넣고 전동 믹서 중속과 고속 사이에서 연한 미색으로 풍성해질 때까지 휘젓습니다. 초콜릿을 넣어 섞은 다음 코코아 혼합물과 콘시럽을 넣어 부드러워질 때까지 섞습니다.

6. 빵칼로 각 케이크의 윗면을 평평하게 자릅니다. 케이크 접시나 스탠드에 유산지 띠를 깔고 케이크 1개를 자른 면이 위를 향하게 놓습니다. 케이크 윗면에 프로스팅 ¾컵을 골고루 펴 바릅니다. 다른 케이크는 자른 면이 아래를 향하게 쌓습니다. 케이크 전체에 프로스팅을 얇게 발라 크럼 코트한 후 냉장실에 넣어 약 30분 동안 굳힙니다. 남은 프로스팅을 케이크 윗면과 옆면에 골고루 펴 바릅니다. 밑에 깐 유산지 띠를 제거하고 서빙합니다.

Lemon Mousse Cake

레몬 무스 케이크

23㎝ 레이어 케이크 1개 분량

레몬과 머랭은 요리에서 언제나 잘 어울리는 한 쌍이지요. 이 둘을 휘저어서 공기처럼 가벼운 케이크를 만들었습니다.
짤주머니로 스위스 머랭 프로스팅을 짜고 토치로 그을리니 감각적인 곡선이 금빛으로 도드라집니다.
라즈베리 한 더미가(황금색을 선택했음) 이 케이크 전체가 구름처럼 흘러가지 않도록 눌러주는 것처럼 보이네요.

케이크

무염버터 2스틱(1컵): 스푼으로 자른 실온 상태 + 팬에 바를 약간

박력분(셀프라이징 아닌 것) 3컵 + 팬에 뿌릴 덧가루

우유 1¼컵

큰 달걀 4개: 실온 상태

바닐라빈 1개: 길게 갈라 긁어낸 씨

설탕 1¾컵

베이킹파우더 1큰술

코셔 소금 1작은술

레몬제스트: 레몬 1개를 곱게 간 것

골든 라즈베리 2컵: 장식용

1. **케이크 만들기**: 오븐을 175℃로 예열합니다. 23㎝ 원형 케이크 팬 2개에 버터를 바릅니다. 팬에 유산지를 깔고 유산지에 버터를 바릅니다. 덧가루를 뿌리고 여분을 털어냅니다. 작은 볼에 우유, 달걀, 바닐라씨를 넣고 섞습니다.

2. 큰 볼에 밀가루, 설탕, 베이킹파우더, 소금을 넣고 전동 믹서 저속에서 고르게 섞습니다. 버터를 조금씩 넣으면서 혼합물이 부슬부슬한 질감이 될 때까지 약 3분 동안 계속 저어줍니다.

3. 전동 믹서를 중속으로 올리고 우유 혼합물의 절반을 천천히 넣으며 풍성해질 때까지 약 2분 동안 휘젓습니다. 나머지 우유 혼합물을 천천히 넣고 볼의 옆면을 긁어내리며 휘젓습니다. 레몬제스트를 넣고 골고루 섞일 때까지 약 1분 더 저어줍니다.

4. 반죽을 준비된 팬에 골고루 나누어 담고 오프셋 스패출러로 윗면을 평평하게 고릅니다. 황갈색이 되고 케이크 테스터로 가운데를 찔러보아 깨끗하게 나오는 정도까지 35~40분 동안 굽습니다. 팬을 식힘망으로 옮겨 완전히 식힙니다. 팬에서 케이크를 꺼낸 후 유산지를 제거합니다.

5. **필링 만들기**: 작은 볼에 찬물을 담고 젤라틴을 뿌립니다. 부드러워질 때까지 약 5분 정도 놓아둡니다. 작고 두꺼운 소스팬에 달걀노른자, 설탕, 레몬제스트와 레몬즙을 넣고 섞습니다. 이 혼합물이 스푼 뒷면에 붙을 정도로 걸쭉해질 때까지 중약불에서 8~10분 동안 계속 저으며 끓입니다. 불을 끄고 젤라틴 혼합물을 넣습니다. 젤라틴이 녹고 혼합물이 약간 식을 때까지 계속 저어줍니다. 버터를 한 번에 몇 조각씩 넣으며 섞습니다. 고운체를 볼에 받치고 필링을 눌러가며 거릅니다. 필링 위에 랩을 밀착시켜 덮어서 표면이 마르는 것을 방지합니다. 냉장실에 넣고 최소 2시간에서 최대 하룻밤까지 굳힙니다. 필링을 휘저은 다음 휘핑크림을 살포시 섞습니다. 냉장실에 1시간 동안 넣었다가 사용하기 전에 저어줍니다.

(49쪽에서 계속)

BAKING TIP

약간의 산acid은 스위스 머랭을 안정화시키는 역할을 합니다. 저희처럼 식초를 사용해도 되고 레몬즙이나 타르타르 크림도 효과가 있습니다. 달걀흰자로 머랭을 칠 때에는 비터와 볼이 완벽하게 깨끗해야 합니다. 오일이나 지방이 아주 조금만 묻어 있어도 거품이 잘 안 생기거든요.

필링

무향 젤라틴 1½작은술(7g 봉지에서)

찬물 ½컵

큰 달걀의 노른자 6개

설탕 1컵

곱게 간 레몬제스트 1큰술과 2작은술 + 신선한 레몬즙 ¾컵(레몬 5~6개에서 추출)

무염버터 1스틱(½컵): 작은 조각으로 자른 차가운 상태

헤비크림 1컵: 뾰족한 뿔이 생기도록 휘저은 상태

스위스 머랭

설탕 3컵

달걀 12개의 흰자: 실온 상태

코셔 소금 한 꼬집

바닐라 엑스트랙트 1작은술

옥수수전분 1작은술

화이트 증류 식초 1작은술

6. 빵칼로 각 케이크의 윗면을 평평하게 자르고, 가로로 반 잘라 총 4개의 층을 만듭니다. 케이크 층 1개를 밑면이 바닥을 향하게 케이크 스탠드 위에 놓습니다. 필링을 1컵 가득 붓고 오프셋 스패출러로 케이크 가장자리까지 펴 바릅니다. 이 과정을 케이크 층 2개로 반복합니다. 남은 케이크 층을 밑면이 위를 향하도록 뒤집어 덮습니다. 머랭을 만드는 동안 냉장보관합니다.

7. **스위스 머랭 만들기**: 내열용기에 설탕, 달걀흰자, 소금을 넣고 중탕합니다. 설탕이 녹고 혼합물이 따뜻하며 손가락 끝으로 비벼보아 걸리는 알갱이가 하나도 없을 때까지 2~3분 동안 휘젓습니다. 불을 끕니다. 전동 믹서 저속에서 거품이 날 때까지 휘젓습니다. 믹서를 중속과 고속 사이로 높이고 단단하고 윤이 나는 뿔이 형성되고 완전히 식을 때까지 약 10분 동안 휘젓습니다. 바닐라, 옥수수전분, 식초를 넣고 잘 섞이도록 1분 더 휘젓습니다.

8. 머랭을 케이크의 윗면과 옆면에 1.3㎝ 두께로 균일하게 펴 바르고 오프셋 스패출러로 매끈하게 다듬습니다. 짤주머니에 지름 2㎝의 원형 깍지를 끼우고 남은 머랭을 옮겨 담습니다. 깍지를 케이크 상단과 평행하게, 가장자리에서 약 2.5㎝ 들어온 곳에 위치시킨 후 옆면을 따라 사선으로 내려오며 짭니다. 동일한 압력으로 오른쪽에서 왼쪽으로 진행합니다. 주방용 토치를 앞뒤로 움직이며 머랭을 균일한 갈색으로 그을립니다. 라즈베리를 얹고 서빙합니다.

Berry Layer Cake

베리 레이어 케이크

25㎝ 레이어 케이크 1개 분량

베리로 가득 찬 삼단 케이크는 신비로운 아름다움을 머금고 있습니다. 신선한 블루베리가 반죽 속에 통째로 들어 있고 블랙 라즈베리잼이 섞인 세 가지 스위스 머랭 버터크림을 짤주머니로 짜서 꿈결 같은 로제트와 소용돌이를 연출합니다. 먹기엔 너무 아름답다고요? 그렇긴 하지만 안 먹고 두기엔 맛이 너무 좋을 거예요.

무염버터 2스틱(1컵): 스푼으로 자른 실온 상태 + 팬에 바를 약간

박력분(셀프라이징 아닌 것) 3컵 + 팬에 뿌릴 덧가루

우유 1¼컵

큰 달걀 4개: 실온 상태

바닐라빈 1개: 길게 갈라 긁어낸 씨

신선한 블루베리 425g(약 2½컵)

옥수수전분 1작은술

설탕 1¾컵

베이킹파우더 1큰술

코셔 소금 1작은술

스위스 머랭 버터크림 3 레시피 (237쪽 참고)

씨 없는 블랙 라즈베리잼 1½컵

젤 식용 색소: 버건디

신선한 베리류: 블루베리, 블랙 라즈베리, 블랙베리 등, 장식용

1. 오븐을 175℃로 예열합니다. 25㎝ 원형 케이크 팬 3개에 버터를 바릅니다. 팬에 유산지를 깔고 유산지에 버터를 바릅니다. 덧가루를 뿌리고 여분을 털어냅니다. 중간 크기 볼에 우유, 달걀, 바닐라 씨를 넣고 섞습니다. 작은 볼에 블루베리를 넣고 옥수수전분에 버무립니다. 큰 볼에 밀가루, 설탕, 베이킹파우더, 소금을 넣고 전동 믹서 저속에서 골고루 섞습니다. 버터를 조금씩 넣으면서 혼합물이 부슬부슬한 질감이 될 때까지 약 3분 동안 계속 저어줍니다. 우유 혼합물의 절반을 천천히 넣으며 전기 믹서를 중속으로 올리고 풍성해질 때까지 약 2분 동안 휘젓습니다. 나머지 우유 혼합물을 천천히 넣고 볼의 옆면을 긁어내리며 휘젓습니다. 골고루 섞이도록 1분 더 휘젓습니다. 블루베리를 넣습니다.

2. 반죽을 준비된 팬에 골고루 나누어 담고 오프셋 스패출러로 윗면을 평평하게 고릅니다. 노릇노릇해지고 케이크 테스터로 가운데를 찔러보아 깨끗하게 나오는 정도까지 약 30분 동안 굽습니다. 고르게 구워지도록 중간에 팬을 앞뒤로 돌립니다. 팬을 식힘망으로 옮겨 완전히 식힌 후 케이크를 꺼냅니다.

3. 버터크림 세 덩이 모두를 큰 볼로 옮기고 2컵은 따로 남겨둡니다. 큰 볼의 버터크림에 잼을 섞습니다. 젤 색소를 한 번에 한 방울씩 떨어뜨리며 원하는 색을 만듭니다. 빵칼로 각 케이크 층의 윗면을 평평하게 자릅니다. 케이크 1개를 밑면이 아래를 향하게 케이크 스탠드나 접시 위에 놓고 베리 버터크림 1½컵을 펴 바릅니다. 두 번째 케이크도 밑면이 아래를 향하게 쌓고 베리 버터크림 1½컵을 펴 바릅니다. 세 번째 케이크는 밑면이 위를 향하게 뒤집어 쌓고 케이크 전체에 프로스팅을 얇게 바르며 크럼 코트합니다. 냉장실에 넣고 약 30분 동안 단단하게 굳힙니다. 케이크의 윗면과 옆면에 베리 버터크림을 약 1.3㎝ 두께로 고르게 펴 바르고, 오프셋 스패출러나 벤치 스크래퍼로 옆면을 매끄럽게 다듬습니다.

4. 남은 베리 버터크림을 3개의 볼에 나누어 담고, 남겨둔 흰색 버터크림 2컵을 배분해 음영을 달리합니다. 짤주머니에 열린별 깍지와 닫힌별 깍지를 #16, #22, #30, #35 등 다양한 크기로 끼우고 버터크림을 옮겨 담습니다. 케이크 위에 소용돌이와 로제트를 짜서 장식합니다. 원하는 베리를 올린 후 서빙합니다.

Coffee Feather Cake

커피 깃털 케이크

20㎝ 레이어 케이크 1개 분량

커피향이 깃든 가벼운 질감의 케이크예요. 감미로운 마스카르포네 필링과 커피 휘핑크림을 바른 케이크 층을 겹겹이 쌓은 다음 화이트·밀크·다크초콜릿 조각으로 꾸몄어요. 깃털은 초콜릿 한 스푼을 유산지 위에 얹고 붓으로 쓱 쓸어서 만듭니다. 짤주머니로 짜는 과정은 없고요.

케이크

박력분(셀프라이징 아닌 것) 2¼컵

그래뉴당 1½컵

베이킹파우더 1큰술

코셔 소금 1작은술

진하게 내린 커피 ¾컵: 실온 상태

홍화씨 오일 ½컵

큰 달걀 6개: 흰자와 노른자를 분리한 것, 실온 상태

바닐라 엑스트랙트 1큰술

마스카르포네 필링

마스카르포네 1컵

코셔 소금 한 꼬집

헤비크림 ½컵

슈거파우더 ¼컵

초콜릿 깃털

다크초콜릿 28g(¼컵): 굵게 다진 것

밀크초콜릿 28g(¼컵): 굵게 다진 것

화이트초콜릿 56g(½컵): 굵게 다진 것

커피 휘핑크림

그래뉴당 ½컵

코셔 소금 한 꼬집

헤비크림 1½컵

진하게 내린 커피 ¼컵 + 맛보기용 약간: 실온 상태

1. **케이크 만들기**: 오븐을 163℃로 예열합니다. 큰 볼에 밀가루, 그래뉴당 ¾컵, 베이킹파우더, 소금을 넣고 섞습니다. 커피, 오일, 달걀노른자, 바닐라를 추가하고 부드러워질 때까지 휘젓습니다.

2. 달걀흰자를 전동 믹서의 중속에서 거품이 날 때까지 약 2분 동안 휘젓습니다. 믹서를 중속과 고속 사이로 높이고 나머지 그래뉴당 ¾컵을 천천히 넣습니다. 단단하고 윤이 나는 뿔이 형성될 때까지 약 5분 동안 휘젓습니다. 달걀흰자를 두 번에 나누어 넣으며 살포시 섞습니다.

3. 반죽을 20㎝ 원형 팬 3개에 골고루 나누어 담고 오프셋 스패출러로 윗면을 평평하게 고릅니다. 노릇노릇해지고 표면을 살짝 눌렀을 때 되돌아오는 정도까지 25~30분 동안 굽습니다. 팬을 식힘망으로 옮겨 15분 동안 식힙니다. 케이크 팬의 안쪽을 작은 오프셋 스패출러로 한 바퀴 돌린 후 케이크를 뒤집어 꺼내어 완전히 식힙니다. 빵칼로 각 케이크를 가로로 반 잘라 총 6개의 층을 만듭니다.

(55쪽에서 계속)

DECORATING TIP

깃털 장식 만드는 방법이에요. 녹인 초콜릿을 한 스푼 가득 떠서 유산지 위에 놓은 후 폭 3.8㎝의 제빵용 붓으로 빠르게 휙 그어 여러 길이의 깃털 모양을 만듭니다. 차갑게 굳힙니다.

4. **마스카르포네 필링**: 전동 믹서에 마스카르포네와 소금을 넣고 저속에서 골고루 섞습니다. 믹서를 계속 돌리면서 헤비크림을 천천히 넣습니다. 중속으로 높이고 슈거파우더를 천천히 넣으며 중간 크기의 뿔이 형성될 때까지 휘젓습니다. 뚜껑을 덮어 냉장실에 넣어둡니다.

5. **초콜릿 깃털 만들기**: 각 초콜릿을 내열용기에 따로 담고 중탕으로 저으면서 녹입니다. 녹인 화이트초콜릿의 절반에 밀크초콜릿을 조금 섞어 네 번째 색을 만듭니다. 녹인 초콜릿을 백 원짜리 동전 크기만큼 떠서 논스틱 베이킹매트나 유산지를 깐 베이킹시트 위에 놓습니다. 제빵용 붓으로 녹인 초콜릿을 빠르게 휙 그어 깃털 모양을 만듭니다. 냉장실에 넣고 최소 30분 동안 굳힙니다.

6. **커피 휘핑크림 만들기**: 전동 믹서에 그래뉴당, 소금, 헤비크림, 커피를 넣고 중속과 저속 사이에서 그래뉴당이 녹을 때까지 약 1분 동안 휘젓습니다. 믹서를 중속과 고속 사이로 높이고 단단한 뿔이 형성될 때까지 약 3분 동안 휘젓습니다. 더욱 진한 커피 맛을 내려면 커피 1~2큰술을 추가하여 휘젓습니다.

7. 20㎝ 케이크 보드 위에 휘핑크림을 조금 묻히고 케이크 층 1개의 밑면이 아래를 향하도록 고정시킵니다. 마스카르포네 필링 ¾컵을 골고루 펴 바르고 두 번째 케이크 층을 쌓습니다. 커피 휘핑크림 ¾컵을 골고루 펴 바릅니다. 마스카르포네 필링과 커피 휘핑크림을 번갈아 바르며 쌓는 과정을 반복합니다. 여섯 번째 마지막 케이크 층은 밑면이 위를 향하도록 뒤집어 쌓습니다. 커피 휘핑크림을 케이크 전체에 얇게 펴 발라 크럼 코트합니다. 냉장실에 넣고 약 15분 동안 굳힙니다. 나머지 커피 휘핑크림을 케이크 윗면과 옆면에 펴 바릅니다. 초콜릿 깃털에 약간의 휘핑크림을 찍어 발라 케이크 옆면에 붙입니다. 약간 비스듬히 엇갈려 붙여 층진 효과를 냅니다.

Raspberry and Chocolate-Hazelnut Crepe Cake

라즈베리와 초콜릿-헤이즐넛 크레페 케이크

10~12인분

이 우아한 노 베이크 디저트는 화이트초콜릿-라즈베리와 다크초콜릿-헤이즐넛 휘핑크림 필링과 크레페를 겹겹이 쌓아 만듭니다. 미리 만들어두는 것도 가능해요. 케이크를 완성하고 최소 8시간(그리고 최대 2일) 동안 차갑게 굳혀야 깔끔하게 잘립니다. 그러므로 먹기 전날 만드는 것으로 계획을 세우면 좋습니다.

크레페

무표백 중력분 2컵

그래뉴당 2큰술

코셔 소금 ½작은술

우유 3컵

큰 달걀 8개

무염버터 6큰술: 녹인 것 + 무쇠팬에 바를 약간

필링

무향 젤라틴 2¼작은술(1봉)

찬물 ⅓컵

씨 없는 라즈베리잼 1컵(340g)

화이트초콜릿 85g: 녹인 것

초콜릿-헤이즐넛 스프레드 1컵: 누텔라 등

비터스위트 초콜릿(카카오 함량 61~70%) 85g: 녹인 것

헤비크림 3컵

슈거파우더 ⅓컵: 체 친 것 + 장식용 약간

신선한 라즈베리: 장식용

1. **크레페 만들기**: 블렌더에 밀가루, 그래뉴당, 소금, 우유, 달걀, 버터를 넣고 부드러워질 때까지 약 30초 동안 돌려 퓨레를 만듭니다. 냉장실에 최소 30분에서 최대 1일까지 넣어두었다가 사용 전에 꺼내어 저어줍니다.

2. 20㎝ 논스틱 무쇠팬을 중불로 가열한 후 버터를 붓으로 살짝 바릅니다. 반죽 ¼컵을 넣고 무쇠팬을 기울이고 돌려서 바닥에 골고루 퍼트립니다. 크레페가 군데군데 황금색으로 변하고 가장자리가 팬에서 들리는 정도까지 1분~1분 30초 동안 굽습니다. 뒤집어서 45초 더 익힙니다. 키친타월을 깐 접시에 크레페를 미끄러뜨리며 내려놓습니다. 버터를 더 발라가며 남은 반죽을 모두 굽고 겹겹이 쌓아둡니다(대략 30장 나옴). 완전히 식힙니다(크레페는 뚜껑을 덮어 냉장실에서 1일까지 보관할 수 있습니다).

3. **필링 만들기**: 작은 볼에 찬물을 담고 젤라틴을 뿌립니다. 부드러워질 때까지 약 5분 동안 놓아둡니다. 한편 작은 소스팬에 잼을 넣고 중불에서 끓입니다. 불을 끕니다. 젤라틴 혼합물을 넣고 저으며 녹입니다(손가락으로 비볐을 때 걸리는 알갱이가 없어야 함). 큰 볼에 옮기고 화이트초콜릿을 넣어 부드러워질 때까지 저어줍니다. 또 다른 볼에 헤이즐넛 스프레드와 비터스위트 초콜릿을 넣고 부드러워질 때까지 저어줍니다. 깨끗한 볼에 크림과 슈거파우더를 넣고 단단한 뿔이 형성될 때까지 휘젓습니다. 이 크림을 라즈베리 혼합물 및 헤이즐넛 혼합물에 나누어 넣고(각 3컵씩), 부드러워질 때까지 저어줍니다. 냉장실에 넣어 약간 걸쭉하면서도 펴 바를 수 있는 정도까지 최소 1시간에서 최대 2시간까지 보관합니다.

4. 케이크를 만들 차례입니다. 크레페 한 장을 케이크 접시 위에 놓습니다. 라즈베리-크림 혼합물 ⅓컵을 고르게 펴 바르는데 테두리에 0.6㎝를 남겨둡니다. 다른 크레페 한 장을 위에 얹고 헤이즐넛크림 혼합물 ⅓컵을 펴 바릅니다. 필링을 번갈아 바르며 크레페를 모두 쌓아올리고 마지막 크레페를 덮으며 마무리합니다. 랩으로 느슨하게 덮어 냉장실에서 최소 8시간에서 최대 2일까지 차갑게 보관합니다. 서빙 바로 전에 라즈베리를 맨 위에 올리고 슈거파우더를 넉넉히 뿌립니다.

SERVING TIP
크레페 케이크를
서빙 전까지 차갑게
보관했다가 날카로운
칼로 자르면
깔끔하게 잘려요.

Eggnog Semifreddo Genoise

에그녹 세미프레도 제누아즈

10~12인분

한 입만 먹어도 그 진가를 알 수 있는 이 케이크는 상당한 시간이 걸리고 세심한 기술이 필요하기 때문에 베이킹 고수들에게 적합하지요. 하지만 첫 번째 조각을 먹은 사람들의 열광적인 반응을 보면 그만한 수고를 들일 가치가 있다는 생각이 들 거예요. 케이크 속의 화려한 세로줄은 넛멕과 럼으로 향을 낸 세미프레도를 다크초콜릿 제누아즈 위에 펴 바른 후 말아서 옆으로 세워 만든 것입니다.

케이크

베지터블 오일 쿠킹 스프레이

무가당 더치-프로세스 코코아가루 ½컵: 체 친 것 + 덧가루 약간

박력분(셀프라이징 아닌 것) 1컵: 체 친 것

코셔 소금 ½작은술

큰 달걀 6개와 큰 달걀의 노른자 4개: 실온 상태

설탕 1컵

무염버터 1스틱(½컵): 녹여서 식힌 것

필링

무향 젤라틴 2¼작은술(1봉)

라이트 럼 ⅓컵

큰 달걀 4개: 흰자와 노른자를 분리한 것, 실온 상태

설탕 1¼컵

헤비크림 2½컵: 차가운 상태

넛멕가루 ½작은술: 신선하게 간 것

바닐라 엑스트랙트 2작은술

스위스 머랭 프로스팅(237쪽 참고)

1. **케이크 만들기**: 오븐을 218℃로 예열합니다. 32×45㎝ 크기의 테두리가 있는 베이킹시트 2개에 쿠킹 스프레이를 뿌립니다. 바닥에 유산지를 깔고 유산지에 스프레이를 뿌립니다. 코코아 덧가루를 뿌리고 여분을 털어냅니다. 깨끗한 키친타월 두 장에 코코아가루를 뿌립니다. 중간 크기 볼에 코코아, 밀가루, 소금을 넣고 섞습니다.

2. 내열용기에 달걀, 달걀노른자, 설탕을 넣고 중탕합니다. 설탕이 녹고 만져보아 따뜻해질 때까지 약 2분 동안 저어줍니다. 전동 믹서 중속과 고속 사이에서 약 2분 동안 휘젓습니다. 믹서를 고속으로 높이고 혼합물이 연한 미색으로 걸쭉해질 때까지 약 3분 동안 휘젓습니다.

3. 녹인 버터를 볼 한쪽에 붓고 가루 재료가 완전히 섞이도록 볼의 밑바닥을 쓸어올리며 부드럽게 섞습니다. 반죽을 준비된 베이킹시트에 골고루 나누어 담고 오프셋 스패출러로 윗면을 평평하게 고릅니다. 가운데를 살짝 눌렀을 때 되돌아오는 정도까지 5~7분 동안 굽습니다. 베이킹시트에 있는 케이크를 준비된 키친타월 위에 엎어 꺼냅니다. 곧바로 짧은 쪽에서부터 키친타월과 함께 둘둘 말아 통나무 모양을 만듭니다. 두 번째 케이크로도 반복합니다. 필링을 준비하는 동안 차갑게 보관합니다.

(61쪽에서 계속)

BAKING TIP

가벼운 제누아즈를 만드는 열쇠는 공기에 있어요. 달걀을 휘핑할 때 공기가 더 많이 들어갈수록 더 가벼운 케이크가 됩니다. 연백색으로 변하고 두 배로 부풀며 걸쭉하게 늘어질 때까지 고속으로 휘젓습니다.

4. **필링 만들기**: 작은 볼에 럼을 담고 젤라틴을 뿌립니다. 부드러워질 때까지 약 5분 동안 놓아둡니다. 내열용기에 달걀노른자와 설탕 ¾컵을 넣고 중탕합니다. 연한 미색으로 풍성해질 때까지 약 2분 동안 휘젓습니다. 불을 끕니다. 젤라틴 혼합물을 넣고 휘젓습니다. 다시 중탕으로 끓이며 젤라틴이 녹을 때까지 젓습니다. 중간 크기 볼에 옮깁니다.

5. 중간 크기 믹싱볼에 크림, 넛멕, 바닐라를 넣고 전동 믹서 중속과 고속 사이에서 중간 크기의 뿔이 형성될 때까지(거품기를 들어올렸을 때 뿔의 끝이 구부러지는 상태) 휘젓습니다. 이 휘핑크림의 ⅓을 젤라틴 혼합물에 넣은 다음 젤라틴 혼합물에 남은 휘핑크림을 섞습니다. 깨끗한 믹싱볼에 달걀흰자와 남은 설탕 ½컵을 넣고 전동 믹서 중속과 고속 사이에서 단단한 뿔이 형성될 때까지 약 6분 동안 휘젓습니다. 크림 혼합물을 넣고 섞습니다.

6. 차가워진 케이크를 풀고 키친타월을 제거한 다음 테두리가 있는 베이킹시트로 각각 옮깁니다. 필링 1컵을 따로 보관해두고 나머지 필링을 케이크마다 바릅니다. 필링이 굳기 시작하지만 아직 말랑한 정도까지 약 20분 동안 얼립니다.

7. 빵칼로 각 케이크를 세로로 반 잘라 총 4개의 케이크 스트립을 만듭니다. 짧은 쪽에서부터 케이크를 말고 케이크 스탠드 중앙에 세워놓습니다. 말린 스트립이 끝나는 곳에서부터 다음 스트립을 이어 말아줍니다. 남은 스트립으로 계속 말아줍니다. 따로 보관해둔 필링으로 케이크 윗면을 채웁니다. 안정성을 더하기 위해 케이크 아래에 케이크 스탠드와 같은 높이의 유산지 칼라를 두릅니다. 냉동실에 넣어 최소 8시간에서 최대 2일까지 얼립니다. 얼고 나면 빵칼로 케이크 윗면을 평평하게 자릅니다. 프로스팅을 입히기 전까지 언 상태를 유지합니다.

8. 케이크 윗면과 옆면에 오프셋 스패출러로 프로스팅을 바릅니다. S자를 그리며 바르면 질감을 살릴 수 있습니다. 냉동실에 넣고 최소 30분에서 최대 1일까지 얼립니다. 주방용 토치를 앞뒤로 움직이며 머랭을 균일한 갈색으로 그을립니다. 바로 서빙합니다.

Grasshopper Ice-Cream Cake

그래스호퍼 아이스크림 케이크

12인분

멋진 돔 케이크는 움푹한 볼에 구워서 만들어요. 속을 파낸 내부에 초콜릿을 발라 코팅한 후 아이스크림을 담습니다.
저희는 민트와 초콜릿으로 고전적인 그래스호퍼를 표현했지만,
여러분이 좋아하는 맛을 골라 응용해도 됩니다.

케이크

홍화씨 오일 ½컵 + 볼에 바를 약간

무가당 더치-프로세스 코코아가루 1½컵 + 볼에 뿌릴 약간

무표백 중력분 3컵

설탕 3컵

베이킹소다 1큰술

베이킹파우더 1½작은술

코셔 소금 1½작은술

큰 달걀 4개: 실온 상태

버터밀크 1½컵

따뜻한 물 1½컵

바닐라 엑스트랙트 2작은술

세미스위트 초콜릿 113g: 녹여서 살짝 식힌 것

민트 초콜릿칩 아이스크림 6컵: 부드러운 상태

글레이즈

세미스위트 초콜릿 255g(약 1⅔컵): 굵게 자른 것

무염버터 1스틱(½컵): 스푼으로 자른 실온 상태

연한색 콘시럽 3큰술

1. **케이크 만들기**: 오븐을 175℃로 예열합니다. 오븐 사용이 가능한 유리나 메탈 재질에 지름 25㎝에 깊이 13㎝인 큰 볼을 준비합니다. 볼의 움푹 파인 바닥과 측면에 오일을 바릅니다. 코코아가루를 뿌리고 여분을 털어냅니다.

2. 큰 볼에 코코아가루, 밀가루, 설탕, 베이킹소다, 베이킹파우더, 소금을 넣고 골고루 섞습니다. 오일, 달걀, 버터밀크, 따뜻한 물, 바닐라를 넣고 부드러워질 때까지 약 2분 동안 휘젓습니다. 준비된 볼에 옮깁니다.

3. 반죽이 단단해지고 케이크 테스터로 가운데를 찔러보아 깨끗하게 나오는 정도까지 1시간 25분~1시간 45분 동안 굽습니다. 볼을 식힘망으로 옮겨 15분 동안 식힙니다. 식힘망 위에 케이크를 꺼낸 후 완전히 식힙니다.

4. 빵칼로 케이크 바닥을 2.5㎝ 두께로 썰어서 한쪽에 놓아둡니다. 케이크 "볼"을 뒤집고 메탈 재질의 스푼으로 2.5㎝ 두께의 벽을 남기고 케이크 속을 파냅니다(긁어낸 빵은 간식거리로 남겨두세요!). 녹인 초콜릿을 붓에 묻혀 속을 파낸 자리와 케이크 바닥의 잘린 면에 바릅니다. 초콜릿이 굳을 때까지 약 20분 동안 냉장실에 넣어둡니다.

5. 부드러워진 아이스크림을 스푼으로 떠서 케이크 볼에 담고 오프셋 스패출러로 윗면을 매끄럽게 고릅니다. 케이크 바닥을 볼에 다시 붙입니다(이제 뚜껑처럼 덮이지요). 랩으로 싸서 아이스크림이 단단해질 때까지 최소 4시간에서 최대 3일까지 얼립니다.

6. **글레이즈 만들기**: 테두리가 있는 베이킹시트 위에 식힘망을 올립니다. 그 위에 케이크를 싼 랩을 벗기고 둥근 돔이 위를 향하게 올립니다. 내열용기에 초콜릿, 버터, 콘시럽을 넣고 중탕합니다. 이따금씩 저으며 부드러워질 때까지 녹입니다. 케이크 윗면 한가운데에 한 번에 붓습니다.(베이킹시트를 살살 흔들고 조리대에 탁 쳐서 글레이즈가 케이크에 잘 덮이도록 합니다.) 넓은 스패출러 두 개를 이용하여 서빙 접시로 옮깁니다. 바로 서빙하거나 냉동실에서 뚜껑을 덮지 않고 최대 1일까지 얼립니다. 서빙 10~15분 전에 냉동실에서 꺼냅니다. 뜨거운 물에 칼을 담갔다가 물기를 닦고 쐐기 모양으로 자릅니다.

BAKING TIP

팬 하나에 케이크를 다 굽고(높이 솟아오르므로), 식으면 가로로 잘라 층을 만듭니다. 스프링폼 팬이 없으면 20㎝ 원형 케이크 팬으로 대체할 수 있어요.

Vanilla Sponge Cake with Strawberry Meringue

딸기 머랭 바닐라 스펀지 케이크

20㎝ 레이어 케이크 1개 분량

가벼운 질감에 높고 화려한 현대식 딸기 쇼트케이크를 소개할게요. 스펀지 케이크에 통통하고 잘 익은 딸기 1.3kg이 들어갑니다. 케이크 층 사이에 들어가기도 하고 높은 케이크 꼭대기에 올라가기도 해요. 향긋한 딸기 맛이 한입 가득 퍼지면 드넓은 딸기밭에 와 있는 것 같을 거예요.

케이크

베지터블 오일 쿠킹 스프레이

박력분(셀프라이징 아닌 것) 2¼컵

그래뉴당 1½컵

베이킹파우더 2¼작은술

코셔 소금 ¾작은술

무염버터 1스틱(½컵): 녹여서 살짝 식힌 것

큰 달걀 7개: 흰자와 노른자를 분리한 것, 실온 상태

우유 ⅔컵: 실온 상태

타르타르 크림 ½작은술

바닐라 엑스트랙트 2작은술

슈거파우더: 장식용(선택)

프로스팅

딸기 1.3kg: 꼭지 딴 것

그래뉴당 1¾컵

큰 달걀 7개의 흰자: 실온 상태

코셔 소금 ¼작은술

무염버터 4스틱(2컵): 조각낸 것, 실온 상태

바닐라 엑스트랙트 1작은술

1. **케이크 만들기**: 오븐을 163℃로 예열합니다. 20㎝ 스프링폼 팬에 쿠킹 스프레이를 뿌려 코팅합니다. 팬 안쪽 벽에 폭 13㎝의 유산지 띠를 두르고 유산지에 스프레이를 뿌립니다.

2. 중간 크기 볼에 밀가루, 그래뉴당 ¾컵, 베이킹파우더, 소금을 넣고 잘 섞습니다. 큰 볼에 버터, 달걀노른자, 우유를 넣고 휘젓습니다. 밀가루 혼합물을 버터 혼합물에 넣고 부드러워질 때까지 젓습니다.

3. 달걀흰자를 전동 믹서 중속과 저속 사이에서 거품이 날 때까지 약 2분 동안 휘젓습니다. 타르타르 크림과 바닐라를 추가하고 믹서의 중속과 고속 사이에서 부드러운 뿔이 형성될 때까지 2분 더 휘젓습니다. 남은 그래뉴당 ¾컵을 천천히 넣으면서 단단하고 윤이 나는 뿔이 형성될 때까지 약 5분 동안 휘젓습니다. 이 달걀흰자 혼합물의 ⅓을 2의 반죽에 넣고 젓습니다. 나머지 달걀흰자 혼합물을 넣고 고무 스패출러로 부드러우면서도 확실하게 젓습니다. 준비된 팬에 반죽을 넣고 오프셋 스패출러로 윗면을 매끈하게 고릅니다.

4. 부풀어 오르고 황갈색이 될 때까지 그리고 케이크 테스터를 찔러보아 깨끗하게 나올 때까지 약 45분 동안 굽습니다. 오븐을 149℃로 낮추고 표면을 살짝 눌렀을 때 되돌아오는 정도까지 약 35분을 더 굽습니다. 팬을 식힘망으로 옮겨서 10분 동안 식힙니다. 팬의 걸쇠를 풀고 조심스럽게 들어올려 제거합니다. 유산지를 떼어내고 케이크를 식힘망에 올려놓습니다. 날카로운 칼로 케이크와 팬의 바닥 사이를 지나가며 팬의 밑바닥을 떼어냅니다. 케이크 윗면이 위를 향하게 놓고 완전히 식힙니다.

(67쪽에서 계속)

BAKING TIP

이 케이크의 프로스팅인 딸기 스위스 머랭 버터크림을 만들 때 달걀흰자를 (중탕으로) 가열합니다. 단백질이 이완되어 더 높이 그리고 더 빠르게 부풀어 오를 뿐 아니라 설탕이 잘 녹아 비단같이 매끄러운 질감이 난답니다.

DECORATING TIP

옆면 장식 방법이에요. 오프셋 스패출러를 케이크 옆면에 수직으로 대고 납작한 면으로 프로스팅을 부드럽게 누른 다음(케이크에 닿을 수 있으니 0.6㎝ 이상 깊이 누르지 마세요), 위로 쭉 쓸어 올립니다. 케이크 전체를 한 바퀴 돌며 반복합니다.

5. **프로스팅 만들기**: 푸드 프로세서에 딸기 0.5kg과 그래뉴당 ½컵을 넣고 곱게 갈아 퓨레를 만듭니다. 중간 크기 소스팬에 옮기고 끓입니다. 중불로 줄인 후 자주 저으며 색이 진하고 걸쭉한 시럽 상태가 될 때까지 약 10분 동안 끓입니다. 고운체에 덩어리를 누르며 걸러 최대한 많은 액체를 얻습니다(약 1컵이 나와야 함). 뚜껑을 덮고 냉장실에 넣어 실온으로 식을 때까지 약 1시간 동안 보관합니다. (또는 얼음물에 볼을 담그고 약 10분 동안 차갑게 식힙니다.)

6. 내열용기에 달걀흰자, 남은 그래뉴당 1¼컵, 소금을 넣고 중탕합니다. 그래뉴당이 녹고 혼합물이 따뜻해질 때까지 약 2분 동안 계속 저으며 끓입니다. (손가락 끝으로 비볐을 때 걸리는 알갱이가 없어야 합니다.) 불을 끕니다. 달걀흰자를 전동 믹서 저속에서 휘젓다가 점차 중속과 고속 사이로 속도를 높여 단단하고 윤이 나는 뿔이 형성될 때까지 휘젓습니다. 볼의 바닥이 식을 때까지 약 10분 동안 계속 휘젓습니다.

7. 속도를 중속과 저속 사이로 낮춥니다. 버터를 한 번에 몇 큰술씩 넣고 볼의 옆면을 긁어내리며 휘젓습니다. 딸기 퓨레와 바닐라를 천천히 넣으며 섞습니다. (버터크림이 멍울지는 것처럼 보이면 속도를 중속과 고속 사이로 높이고 부드러워질 때까지 휘젓습니다.)

8. 딸기 0.5kg을 0.6㎝ 두께의 세로로 자릅니다(2½컵이 필요함). 빵칼로 케이크 윗면을 평평하게 다듬고 케이크를 가로로 잘라 3개의 층을 만듭니다. 케이크 스탠드에 유산지 스트립을 깔고 맨 아래 층을 잘린 면이 위를 향하게 놓습니다. 버터크림 ¾컵을 골고루 펴 바르고 잘라놓은 딸기의 절반을 올립니다. 다른 버터크림 ¾컵을 중간층에 펴 바르고 바른 면이 아래를 향하게 첫 번째 케이크 층 위에 덮습니다. 딸기가 미끄러져 빠져나가지 않도록 조심스럽게 눌러 붙입니다. 그 위에 다른 버터크림 ¾컵을 펴 바른 후 나머지 자른 딸기를 골고루 얹습니다. 또 다른 버터크림 ¾컵을 맨 위 케이크 층의 잘린 면에 펴 바른 후 바른 면이 아래를 향하게 얹고 살짝 누르며 붙입니다.

9. 메탈 재질의 작은 오프셋 스패출러로 남은 버터크림을 케이크 윗면과 옆면에 고르게 펴 바릅니다. 나머지 딸기 0.5kg을 케이크 위에 올리고 몇 개는 세로로 반 잘라 올립니다. 선택사항으로 약간의 슈거파우더를 체 치며 뿌립니다. (이 케이크는 완성 후 실온에서 보관하고 만든 당일에 먹는 것이 가장 좋아요. 하지만 뚜껑을 덮지 않은 상태로 최대 1일까지 냉장보관할 수 있습니다. 서빙 전 실온에 꺼내놓으면 됩니다.)

Splatter Cake with Passionfruit Curd

패션푸르트 커드 스플래터 케이크

20㎝ 레이어 케이크 1개 분량

현대 미술에서 영감을 받은 이 레이어 케이크로 여러분 내면에 잠재된 잭슨 폴락의 예술성을 깨워보세요.
진한 초콜릿 케이크, 패션푸르트 커드 필링, 부드러운 머랭 버터크림으로 재미만큼이나 맛있는 케이크를 만들어보자고요.
작은 제빵용 붓으로 스플래터 디자인을 표현하고, 분홍색과 구리색 러스터 더스트를 "물감"으로 사용합니다.

홍화씨 오일: 팬에 바를 용도

커피 ⅔컵: 진하고 뜨거운 것

무가당 더치-프로세스 코코아가루 ½컵

박력분(셀프라이징 아닌 것) 1¾컵

설탕 1½컵

베이킹파우더 2¼작은술

코셔 소금 ¾작은술

무염버터 1스틱(½컵): 녹여서 식힌 것

큰 달걀 7개: 흰자와 노른자를 분리한 것, 실온 상태

타르타르 크림 ½작은술

바닐라 엑스트랙트 2작은술

스위스 머랭 버터크림(237쪽 참고)

패션푸르트 커드(232쪽 참고)

러스터 더스트: 진분홍색, 연분홍색, 구리색

보드카 또는 곡주

특수도구

제빵용 붓 2개: 작은 사이즈, 스플래터용

1. 오븐을 163℃로 예열합니다. 20㎝ 원형 케이크 팬 3개에 홍화씨 오일을 바릅니다. 팬에 유산지를 깔고 유산지에 오일을 바릅니다. 작은 볼에 커피와 코코아를 넣고 부드러워질 때까지 젓습니다. 약 10분 동안 식힙니다. 중간 크기 볼에 밀가루, 설탕 ¾컵, 베이킹파우더, 소금을 넣고 섞습니다.

2. 큰 볼에 버터, 달걀노른자, 커피 혼합물을 넣고 휘젓습니다. 밀가루 혼합물을 넣고 부드러워질 때까지 저어줍니다. 전동 믹서에 달걀흰자를 넣고 중속과 저속 사이에서 거품이 날 때까지 1~2분 동안 휘젓습니다. 타르타르 크림과 바닐라를 추가합니다. 믹서를 중속과 고속 사이로 높이고 부드러운 뿔이 형성될 때까지 2분 더 돌립니다. 남은 설탕 ¾컵을 천천히 넣으면서 단단하고 윤이 나는 뿔이 형성될 때까지 5~7분 동안 휘젓습니다. 이 달걀흰자 혼합물의 ⅓을 반죽에 섞고 부드러워질 때까지 젓다가 나머지를 다 넣고 젓습니다.

3. 반죽을 준비된 팬에 골고루 나누어 담고 오프셋 스패출러로 윗면을 평평하게 고릅니다. 표면을 손가락으로 살짝 눌렀을 때 되돌아오는 정도까지 20~25분 동안 굽습니다. 팬을 식힘망으로 옮겨 10분 동안 식힙니다. 식힘망 위에 케이크를 꺼내고 완전히 식힙니다.

4. 빵칼로 케이크 층의 윗면을 평평하게 자릅니다. 케이크 보드에 버터크림을 살짝 묻혀서 케이크 층 1개를 고정시킵니다. 버터크림 1컵을 짤주머니에 담고 뾰족한 끝을 조금 잘라냅니다. 케이크 가장자리를 따라 링 모양으로 짜고 패션푸르트 커드 ½컵을 채웁니다. (버터크림이 둑 역할을 해서 필링이 흘러내리지 않을 거예요.) 두 번째 케이크 층을 쌓고 이 과정을 반복한 후 마지막 케이크 층은 밑면이 위를 향하게 뒤집어 덮습니다. 냉장실에 30분 이상 넣어 굳힙니다. 케이크 전체에 버터크림을 얇게 발라 크럼 코트합니다. 냉장실에 넣고 약 15분 동안 단단하게 굳힙니다. 나머지 버터크림을 케이크에 바르고 다시 30분 이상 냉장실에 넣어둡니다.

5. 3개의 작은 볼에 각각의 러스터 더스트 ¼작은술과 보드카 소량, 즉 1큰술을 섞습니다. 묽지만 흐르는 물 같지는 않은 상태가 좋습니다(우유 정도의 점도가 적당함). 붓으로 케이크 전체에 흩뿌려 원하는 무늬를 디자인합니다.

DECORATING TIP

기다란 선은 붓 끝을 잡고 손목의
스냅을 이용하여 케이크 전체에
흩뿌려 표현합니다. 짧은 선은
케이크로부터 약 5㎝ 떨어진 곳에서
엄지로 붓의 솔을 문질러 표현하고요.

Starburst Cake

스타버스트 케이크

23㎝ 레이어 케이크 1개 분량

아이싱 스타버스트라는 짤주머니 기술 한 가지만 제대로 활용할 줄 알면 이렇게 화려한 케이크로 재탄생시킬 수 있어요. 케이크 층들을 가나슈로 코팅하고 굳힌 다음 오묘한 색조의 아이싱으로 별을 짭니다. 우선 케이크를 구워야겠지요? 맛은 취향대로 선택하세요, 화이트, 레몬, 초콜릿이 있어요.

23㎝ 케이크 2개(226쪽 믹스-앤-매치 케이크 참고)

휘핑한 가나슈 프로스팅(241쪽 참고)

초콜릿 가나슈 글레이즈(241쪽 참고)

스위스 머랭 버터크림(237쪽 참고)

젤 식용 색소: 레몬 옐로, 웜 브라운, 소프트 핑크

1. 빵칼로 각 케이크 층의 윗면을 평평하게 자릅니다. 테두리가 있는 베이킹시트 위에 유산지를 깔고 식힘망을 올립니다. 그 위에 케이크 층 1개를 밑면이 아래를 향하게 올립니다. 케이크 층 위에 프로스팅 ¼컵을 골고루 펴 바릅니다. 두 번째 층을 자른 면이 아래를 향하게 얹습니다. 휘핑한 가나슈 프로스팅을 케이크 전체에 얇게 펴 발라 크럼 코트합니다. 냉장실에 넣어 약 30분 동안 굳힙니다.

2. 초콜릿 가나슈 글레이즈를 윗면에 천천히 부어서 옆으로 흘러내리게 합니다(오프셋 스패출러로 매끄럽게 펴 발라도 됩니다). 냉장실에 넣어 약 15분 동안 굳힙니다. 남은 글레이즈를 그릇에 모으고 고운체에 걸러 덩어리를 없앱니다. 글레이즈를 한 번 더 뿌려 두 번째 코팅을 합니다. 냉장실에 넣어 약 15분 동안 굳힙니다.

3. 버터크림을 4개의 볼에 나누어 담습니다. 젤 색소를 넣어 원하는 색으로 물들입니다. (저희는 재료에 나열한 색상을 사용해서 노란색과 복숭아색 두 가지 톤을 표현했습니다.) 4개의 짤주머니에 열린별 깍지(아테코 #864나 윌튼 #4B)를 끼우고 버터크림을 담습니다.

4. 케이크 윗면 한가운데를 가로지르는 곳에 이쑤시개를 꽂아 가이드 선을 표시합니다. 짤주머니를 90도 각도로 세워 잡고 조심스레 짭니다. 봉우리의 중간쯤에서 힘을 빼고 들어올려 뾰족한 꼭지를 만듭니다. 가운데를 가로지르며 별들을 한 줄로 짜고 그 줄을 중심으로 바깥쪽으로 다음 줄을 짭니다. 두세 줄마다 색을 바꾸어 옴브레 효과를 냅니다.

2

Layer Cakes

레이어 케이크

2단 케이크도 훌륭한데 3단이면 더 근사해집니다. 이렇게 1마일이라도 올릴 기세인데 (특히 초콜릿이라면) 굳이 3단에서 멈춰야 할 이유는 없겠죠? 여러 층을 잘 쌓는 비결은 평평한 층과 넉넉한 필링이에요. 참, 크림 코트도 잊지 마세요.

Meyer Lemon and Coconut Layer Cake

마이어 레몬 코코넛 레이어 케이크

17㎝ 레이어 케이크 1개 분량

설탕에 절인 레몬 조각과 신선한 민트 잎이 곁들여진 이 아기자기한 케이크는 하루를 밝게 빛내줄 거예요. 감미로운 케이크 사이에는 레몬-코코넛 커드를 넣었어요. 레몬은 두 가지 종류를 사용했는데, 하나는 마이어 레몬으로 진한 향에 달콤한 맛이 나고, 다른 하나는 일반 레몬으로 새콤한 맛이 납니다.

무염버터 7큰술: 조각낸 것, 실온 상태 + 팬에 바를 약간

무표백 중력분 3컵 + 팬에 뿌릴 덧가루

가당 코코넛 채 1컵

우유 1컵: 실온 상태

큰 달걀 4개: 실온 상태

바닐라 엑스트랙트 1작은술

설탕 1⅔컵

베이킹파우더 1큰술

코셔 소금 1½작은술

비정제 생 코코넛 오일 ¼컵(56g): 실온 상태(고체)

코코넛 레몬 커드(232쪽 참고)

코코넛 버터크림(239쪽 참고)

설탕에 절인 감귤류 슬라이스(244쪽 참고), 신선한 민트 잎: 장식용

1. 오븐을 175℃로 예열합니다. 17㎝ 원형 케이크 팬 2개에 버터를 바릅니다. 팬에 유산지를 깔고 유산지에 버터를 바릅니다. 덧가루를 뿌리고 여분을 털어냅니다. 베이킹시트에 코코넛을 넓게 펼쳐 깔고, 건조되었지만 갈색 빛이 돌지 않는 상태까지 약 10분 동안 굽습니다. 완전히 식힙니다.

2. 중간 크기 볼에 우유와 달걀을 넣고 저은 후 바닐라를 넣고 젓습니다. 전동 믹서에 밀가루, 설탕, 베이킹파우더, 소금을 넣고 중속과 저속 사이에서 30초 동안 돌립니다. 버터와 코코넛 오일을 천천히 넣으며 부슬부슬한 질감이 될 때까지 약 3분 동안 돌립니다. 우유 혼합물의 절반을 천천히 넣고 속도를 중속으로 올려 풍성해질 때까지 약 1분 동안 휘젓습니다. 남은 우유 혼합물을 볼의 옆면을 긁어내려가며 천천히 넣습니다. 약 30초 동안 돌려 완전히 섞어줍니다.

3. 반죽을 준비된 팬에 골고루 나누어 담고 오프셋 스패출러로 윗면을 평평하게 고릅니다. 팬을 조리대에 탁 내려칩니다. 황갈색으로 변하고 표면을 살짝 눌렀을 때 되돌아오는 정도까지 약 50~55분 동안 굽습니다. 팬을 식힘망으로 옮겨 10분 동안 식힙니다. 식힘망 위에 케이크를 꺼낸 후 완전히 식힙니다.

4. 빵칼로 각 케이크 층의 윗면을 평평하게 자르고, 각 층을 가로로 반 잘라 총 4개의 층을 만듭니다. 케이크 층 1개를 밑면이 아래를 향하도록 케이크 접시에 놓습니다. 커드 ⅔컵을 골고루 펴 바르고 두 번째 케이크 층을 올립니다. 각 층 사이에 커드 ⅔컵을 바르면서 쌓기를 반복합니다. 마지막 층은 밑면이 위를 향하도록 뒤집어 덮습니다. 케이크를 랩으로 싸서 최소 1시간에서 최대 1일까지 냉장보관합니다.

5. 버터크림 1컵을 케이크 윗면과 옆면에 골고루 발라 크림 코트합니다. 냉장실에 15분 동안 넣어둡니다. 남은 버터크림 3컵을 윗면과 옆면에 펴 바릅니다. 구운 코코넛을 옆면에 붙여 코팅합니다. 설탕에 절인 레몬과 민트 잎으로 장식을 하고 서빙합니다. (케이크는 랩으로 싸서 5일까지 냉장보관할 수 있습니다. 서빙 전 실온에 꺼내놓습니다.)

BAKING TIP

팬에 반죽을 채운 후 조리대에
가볍게 내려치면 기포가
빠져서, 케이크에 구멍이
생기는 걸 막을 수 있어요.

DECORATING TIP

이 디자인은 구운 크레무브카 위에 물결 모양의 템플릿을 놓고 슈거파우더를 뿌려서 표현한 거랍니다. 원하는 패턴의 템플릿을 만들어 표현하거나 도구 없이 표현해도 됩니다.

Kremówka

크레무브카

12인분

크레무브카는 "크림 케이크"라는 뜻의 폴란드 디저트예요. 이름에서 알 수 있듯 바닐라 페이스트리 크림과 크림 버터의 무슬린이 황금빛 갈색 퍼프 페이스트리 사이에 들어 있어요. 커다랗고 푹신한 나폴레옹 케이크와 비슷하지요. 그래픽 효과를 더하기 위해 윗면에 물결 모양으로 슈거파우더를 체 쳤습니다.

퍼프 페이스트리 0.5kg: 버터만 들어간 것 선호(얼어 있다면 녹일 것)

그래뉴당 ¾컵 + 반죽 밀 때 뿌릴 약간

옥수수전분 6큰술

코셔 소금 한 꼬집

우유 3컵

큰 달걀의 노른자 6개

무염버터 3스틱(1½컵)과 3큰술: 실온 상태

바닐라빈 1개: 길게 갈라 긁어낸 씨

슈거파우더: 체 친 것, 덧가루용

1. 오븐의 상단 및 하단 3분의 1 위치에 선반을 끼우고 205℃로 예열합니다. 베이킹시트 2개에 논스틱 베이킹매트나 유산지를 깝니다. 퍼프 페이스트리를 똑같이 이등분합니다. 조리대 위에 그래뉴당을 뿌리고 각각의 페이스트리를 밀어 23×33㎝ 직사각형으로 펼칩니다. 준비된 베이킹시트에 그래뉴당 묻은 쪽이 위를 향하도록 놓습니다. 부풀어 오르고 진한 황갈색이 될 때까지 약 35분 동안 굽습니다. 고르게 구워지도록 중간에 베이킹시트를 앞뒤로 돌립니다. 베이킹시트를 식힘망으로 옮겨 완전히 식힙니다.

2. 중간 크기 소스팬에 그래뉴당, 옥수수전분, 소금을 넣고 섞습니다. 중간 크기 볼에 우유와 달걀노른자를 넣고 휘젓습니다. 소스팬에 우유 혼합물을 넣고 버터 3큰술을 추가합니다. 중불에서 저으며 끓이다가 끓어오르면 1분 더 끓입니다. 고운체를 중간 크기 볼에 받치고 이 페이스트리 크림을 거릅니다. 랩을 표면에 밀착시켜 덮습니다. 냉장실에 넣고 최소 2시간에서 최대 2일까지 차갑게 보관합니다.

3. 전동 믹서에 남은 버터 3스틱을 넣고 중속에서 부드러워질 때까지 돌립니다. 속도를 저속으로 낮추고 바닐라 씨와 차가워진 페이스트리 크림 ½컵을 동시에 넣습니다. 속도를 중속과 고속 사이로 높이고 연한 미색으로 풍성해질 때까지 약 2분 동안 휘젓습니다.

4. 도마 위에 직사각형의 퍼프 페이스트리 1개를 올리고 페이스트리 크림 혼합물을 펴 바릅니다. 두 번째 직사각형 퍼프 페이스트리를 올리고 부드럽게 눌러 붙여줍니다. 느슨하게 덮어 최소 1시간에서 최대 8시간 동안 냉장보관합니다. 윗면에 슈거파우더를 원하는 디자인으로 흩뿌립니다. 빵칼로 가로와 세로가 7.5㎝인 정사각형으로 잘라 서빙합니다.

Devil's Food Cake

데블스 푸드 케이크

23㎝ 레이어 케이크 1개 분량

악마의 음식이 더 강력해졌어요. 녹인 초콜릿에 코코아가루를 더하니 더 진한 초콜릿 맛이 나고, 사워크림이 극강의 촉촉함을 유지시킵니다. 저희는 클래식한 초콜릿 버터크림으로 마무리했지만, 7분 프로스팅(238쪽 참고)을 보면 결코 그냥 넘길 수 없을 거예요.

무염버터 3스틱(1½컵): 실온 상태 + 팬에 바를 약간

끓는 물 1컵

무가당 더치-프로세스 코코아가루 ¾컵

비터스위트 초콜릿(카카오 함량 61~70%) 113g: 잘게 썬 것(¾컵)

무표백 중력분 3½컵

베이킹파우더 1작은술

베이킹소다 ¾작은술

코셔 소금 1½작은술

눌러 담은 황설탕 2컵

큰 달걀 4개: 실온 상태

바닐라 엑스트랙트 2작은술

사워크림 1컵

초콜릿 스위스 머랭 버터크림 6¼컵 (238쪽 참고)

1. 오븐을 163℃로 예열합니다. 23㎝ 원형 케이크 팬 2개에 버터를 바릅니다. 팬에 유산지를 깔고 유산지에 버터를 바릅니다. 중간 크기 볼에 끓는 물, 코코아, 초콜릿을 넣고 저은 다음 10분 동안 식힙니다. 또 다른 중간 크기 볼에 밀가루, 베이킹파우더, 베이킹소다, 소금을 넣고 섞습니다.

2. 전동 믹서에 버터와 설탕을 넣고 중속과 고속 사이에서 부풀어 오를 때까지 2~3분 동안 휘젓습니다. 달걀을 한 번에 하나씩 넣고 볼의 옆면을 긁어내리며 잘 저어줍니다. 바닐라와 초콜릿 혼합물을 차례로 추가합니다. 믹서를 저속으로 낮추고 밀가루 혼합물을 두 번으로 나누어 사워크림과 번갈아 넣으면서 가볍게 섞습니다.

3. 반죽을 준비된 팬에 골고루 나누어 담고 오프셋 스패출러로 윗면을 평평하게 고릅니다. 케이크 테스터로 가운데를 찔러보아 촉촉한 부스러기가 조금 묻어나오는 정도까지 35~40분 동안 굽습니다. 팬을 식힘망으로 옮겨 20분 동안 식힙니다. 식힘망 위에 케이크를 꺼낸 후 완전히 식힙니다.

4. 빵칼로 각 케이크 층의 윗면을 평평하게 자릅니다. 케이크 접시나 스탠드에 유산지 스트립을 깔고 케이크 층 1개를 자른 면이 위를 향하도록 올립니다. 버터크림 1½컵을 고르게 펴 바릅니다. 나머지 케이크 층을 자른 면이 아래를 향하게 뒤집어 덮습니다. 케이크 윗면과 옆면에 버터크림을 얇게 발라 크럼 코트합니다. 냉장실에 넣어 약 30분 동안 굳힙니다. 남은 프로스팅을 윗면과 옆면에 골고루 펴 바릅니다. (케이크는 최대 1일까지 냉장보관할 수 있고, 서빙 전 실온에 꺼내놓습니다.)

BAKING TIP

케이크 층이 식는 동안 호두를 175℃ 오븐에서 구워요. 유산지를 깐 베이킹시트에 한 겹으로 펼치고 이따금씩 뒤집어주면서 황금빛을 띠고 향이 올라올 때까지 8~10분 동안 굽습니다.

Milk-and-Cookies Cake

밀크-쿠키 케이크

23㎝ 레이어 케이크 1개 분량

어린 시절 좋아했던 디저트가 성장했다면 이런 모습일 거예요. 이 우아한 케이크는 우유와 쿠키를 염두에 두고 만들었습니다. 즉 쿠키 반죽과 비슷한 풍미를 내기 위해 반죽에 흑설탕을 입히고 미니 초콜릿칩을 넣었어요. 여기에 캐러멜 식감을 내기 위해 토피를 추가했고요. 우유는요? 감미로운 크렘 앙글레즈 버터크림이 있잖아요.

케이크

무염버터 2스틱(1컵): 실온 상태 + 팬에 바를 약간

박력분(셀프라이징 아닌 것) 3컵 + 팬에 뿌릴 덧가루

베이킹파우더 1큰술

코셔 소금 ½작은술

눌러 담은 흑설탕 1컵

그래뉴당 ⅔컵

큰 달걀 4개와 큰 달걀의 노른자 2개

바닐라 엑스트랙트 1큰술

버터밀크 1½컵

미니 초콜릿칩 1½컵 + 장식용 약간

호두 토피 크런치

무염버터 6큰술

그래뉴당 ½컵과 2큰술

호두 1컵: 반 나누어 구운 것

코셔 소금 ½작은술

크렘 앙글레즈 버터크림

큰 달걀 10개의 흰자

그래뉴당 2¼컵

무염버터 8스틱(4컵): 실온 상태

바닐라 엑스트랙트 1큰술

탈지분유 ¼컵

1. **케이크 만들기**: 오븐을 175℃로 예열합니다. 23㎝ 원형 케이크 팬 3개에 버터를 바릅니다. 팬에 유산지를 깔고 유산지에 버터를 바릅니다. 덧가루를 뿌리고 여분을 털어냅니다.

2. 큰 볼에 박력분, 베이킹파우더, 소금을 넣고 섞습니다. 전동 믹서에 버터와 두 가지 설탕을 넣고 고속으로 연한 미색으로 풍성해질 때까지 약 6분 동안 휘젓습니다. 달걀과 달걀노른자를 한 번에 하나씩 넣으며 잘 저어줍니다. 바닐라 엑스트랙트를 넣고 섞습니다. 믹서를 저속으로 낮추고 버터 혼합물에 밀가루 혼합물을 세 번으로 나누어 버터밀크와 번갈아 넣는데 밀가루로 시작하고 끝을 맺습니다. 도중에 필요에 따라 볼의 옆면을 긁어내려줍니다. 미니 초콜릿칩을 넣고 젓습니다.

3. 반죽을 준비된 팬에 골고루 나누어 담고 오프셋 스패출러로 윗면을 평평하게 고릅니다. 케이크 테스터로 가운데를 찔러보아 깨끗하게 나오는 정도까지 약 35분 동안 굽습니다. 팬을 식힘망으로 옮겨 10분 동안 식힙니다. 식힘망 위에 케이크를 꺼내어 완전히 식힙니다.

(83쪽에서 계속)

DECORATING TIP

케이크 옆면에 스위스 도트 패턴을 찍는 방법입니다. 미니 초콜릿칩 다섯 줄을 만들 거예요. 케이크 가운데에 초콜릿칩을 하나 심고 약 4cm 간격으로 빙 둘러 심습니다. 처음 심은 초콜릿칩을 기준으로 4cm 위로 한 줄, 4cm 아래로 한 줄을 만듭니다. 가운데 줄과 맨 윗줄 사이에 또 한 줄을 만들고, 가운데 줄과 맨 아랫줄 사이에도 또 한 줄을 만듭니다. 첫 번째 칩을 기준으로 왼쪽 사선 위로 2cm, 오른쪽 사선 위로 2cm 떨어진 곳에 초콜릿칩이 위치하면 맞습니다.

4. **호두 토피 크런치 만들기**: 중간 크기 소스팬에 버터와 그래뉴당을 넣고 강불에서 버터가 녹을 때까지 저으며 끓입니다. 이따금씩 저으며 진한 호박색이 될 때까지 8~10분 동안 계속 끓입니다. 구운 호두와 소금을 넣고 잘 섞습니다. 논스틱 베이킹매트를 깐 베이킹시트에 곧바로 옮겨서 굳힙니다. 식고 나면 굵게 다집니다.

5. **버터크림 만들기**: 소스팬에 달걀흰자와 그래뉴당을 넣고 중탕으로 끓이면서 휘젓습니다. 손가락으로 비볐을 때 걸리는 알갱이가 없을 정도까지 이따금씩 저으며 3~5분 동안 끓입니다. 불을 끕니다. 전동 믹서 저속에서 1분 동안 휘저은 다음 중속과 고속 사이로 높여 단단하고 윤이 나는 뿔이 형성될 때까지 7~10분 동안 휘젓습니다. 중속과 저속 사이로 낮추고 버터를 한 번에 몇 조각씩 넣으며 완전히 섞어줍니다. 바닐라와 탈지분유를 차례로 넣고 섞습니다. 믹서를 비터로 갈아 끼우고 저속으로 2분 동안 돌려 기포를 모두 제거합니다.

6. **조립하기**: 빵칼로 각 케이크를 가로로 반 잘라 총 4개의 층을 만듭니다. 케이크 보드에 버터크림을 조금 묻혀 바닥 층을 고정시킵니다. 버터크림 1컵을 넉넉히 담아 윗면에 골고루 펴 바르고 호두 토피 크런치의 ⅓을 얹습니다. 두 번째 케이크 층을 올리고 살짝 누르며 붙입니다. 이 과정을 반복하고 마지막 케이크 층은 밑면이 위를 향하도록 뒤집어 덮습니다. 버터크림을 윗면과 옆면에 얇고 고르게 발라 크럼 코트합니다. 냉장실에 30분 동안 넣어둡니다. 나머지 프로스팅을 윗면과 옆면에 펴 바르고 선택사항으로 윗면에 S자를 그리며 발라 장식합니다. 남은 미니 초콜릿칩으로 케이크 둘레에 스위스 도트 패턴을 만듭니다. 냉장실에 넣고 약 30분 동안 굳힙니다. 서빙 전 실온에 꺼내둡니다.

Spumoni Cake

스푸모니 케이크

6 ~ 8인분

향수를 자아내는 이 아이스크림 케이크에는 아이들과 어른들 모두 환호할 거예요.
피스타치오, 바닐라, 딸기 맛의 아이스크림 삼총사를 쫄깃쫄깃한 옥수수빵 케이크 층 사이에 넣고 스푸모니를 감싸기 위해 휘핑크림으로 프로스팅했습니다. 잘 싸서 냉동실에 넣어두기만 한다면 미리 만들어 2주까지 보관 가능합니다.

무염버터 1스틱(½컵): 녹인 것 + 붓으로 칠할 약간

그래뉴당 ¾컵

곱게 간 레몬제스트: 레몬 1개 분량

큰 달걀 2개

코셔 소금 ½작은술

무표백 중력분 ½컵

옥수수가루 ½컵: 곱게 빻은 것

피스타치오 젤라토 또는 아이스크림 1파인트: 부드러운 것

바닐라 아이스크림 1파인트: 부드러운 것

딸기 아이스크림 1파인트: 부드러운 것

헤비크림 1¼컵

슈거파우더 2큰술: 체 친 것

작은 딸기 85g: 꼭지 따서 슬라이스한 것(약 ½컵), 장식용

피스타치오 1큰술: 다진 것, 장식용

1. 오븐을 175℃로 예열합니다. 25×38㎝ 크기의 젤리 롤 팬에 버터를 바릅니다. 유산지를 깔고 짧은 모서리 두 곳의 유산지를 5㎝ 정도 길게 빼서 팬 바깥으로 넘깁니다. 유산지에 버터를 바릅니다.

2. 큰 볼에 버터, 그래뉴당, 제스트를 넣고 휘저은 다음 달걀과 소금을 넣고 계속 휘젓습니다. 밀가루와 옥수수가루를 추가하여 부드러워질 때까지 휘젓습니다. 반죽을 팬에 고르게 펼쳐 담습니다. 만져보아 말라 있고 가장자리가 팬에서 분리되기 시작할 때까지 약 15분 정도 굽습니다. 팬을 식힘망으로 옮겨 완전히 식힙니다.

3. 길게 빼낸 유산지를 잡고 케이크를 팬에서 꺼내어 조리대에 올립니다. 13×7.5㎝ 직사각형으로 3등분합니다. 테두리가 있는 베이킹시트에 커다란 랩을 깔고 그 위에 직사각형 케이크를 올립니다. 피스타치오 젤라토를 펴 바르고 냉동실에 넣어 단단해질 때까지 약 15분 동안 얼립니다. 그 위에 두 번째 직사각형 케이크를 올리고 바닐라 아이스크림을 펴 바른 후 다시 냉동실에 넣어 단단해질 때까지 다시 약 15분 동안 얼립니다. 세 번째 직사각형 케이크를 올리고 딸기 아이스크림을 펴 바르고 단단해질 때까지 약 15분 동안 얼립니다. 케이크 전체를 랩으로 싸서 서빙할 준비가 될 때까지 얼립니다. 2주까지 냉동보관 가능합니다.

4. 랩을 벗기고 케이크를 서빙 접시로 옮깁니다. 전기 믹서에 헤비크림과 슈거파우더를 넣고 중속에서 단단한 뿔이 형성될 때까지 휘젓습니다. 휘핑크림으로 프로스팅합니다. 냉동실에 넣고 굳을 때까지 약 1시간 동안 얼립니다. 서빙 전 실온에 10분 동안 꺼내두고 윗면을 딸기와 피스타치오로 장식합니다.

BAKING TIP
아이스크림을 전동
믹서 중속에서 돌리면
부드러운 상태가
되어 잘 발려요.

DECORATING TIP

옆면을 프로스팅하는
방법이에요. 꽃잎 깍지를
케이크 면에 수직으로
대고, 깍지의 커다란
끝이 케이크에 거의
닿을 만큼 가까이 들고
짜면서 내려갑니다.

Carrot Cake with White Chocolate Frosting

화이트 초콜릿 프로스팅 당근 케이크

20㎝ 레이어 케이크 1개 분량

짤주머니와 기본적인 꽃잎 깍지만 있으면 당근 케이크에 우아한 러플을 달아줄 수 있어요.
케이크 윗면 가운데부터 깍지를 수직으로 대고 테이블이나 접시를 천천히 돌리면서 프로스팅을 짭니다.
윗면은 중심에서 바깥으로, 옆면은 위에서 아래로 장미 꽃잎을 확장시킵니다.

무염버터 2½스틱(1¼컵): 녹인 것 + 팬에 바를 약간

무표백 중력분 3컵

베이킹파우더 1큰술

코셔 소금 1작은술

계피가루 1½작은술

생강가루 2작은술

넛멕가루 ½작은술: 신선하게 간 것

중간 크기의 당근 5개: 껍질 벗겨 박스 그레이트의 작은 구멍으로 갈거나 푸드 프로세서로 간 것(약 3컵)

큰 달걀 4개: 실온 상태

설탕 1½컵

바닐라 엑스트랙트 2작은술

화이트초콜릿 프로스팅(240쪽 참고)

1. 오븐을 175℃로 예열합니다. 20㎝ 원형 케이크 팬 2개에 버터를 바릅니다. 팬에 유산지를 깔고 유산지에 버터를 바릅니다. 중간 크기 볼에 밀가루, 베이킹파우더, 소금, 계피, 생강, 넛멕을 넣고 섞습니다. 이 밀가루 혼합물 ½컵을 또 다른 중간 크기 볼에 옮기고 당근을 넣고 버무립니다.

2. 전동 믹서에 달걀과 설탕을 넣고 중속과 고속 사이에서 약 5분간 연한 미색으로 풍성해질 때까지 휘젓습니다. 계속 돌리면서 버터와 바닐라를 차례대로 흘려 넣으며 섞습니다. 믹서를 저속으로 낮추고 나머지 밀가루 혼합물을 넣으면서 가볍게 섞습니다. 밀가루에 버무린 당근을 반죽 속에 넣습니다. 반죽을 준비된 팬에 골고루 나누어 담고 오프셋 스패출러로 윗면을 평평하게 고릅니다.

3. 케이크 테스터로 가운데를 찔러보아 깨끗하게 나오는 정도까지 33~37분 동안 굽습니다. 팬을 식힘망으로 옮겨 10분 동안 식힙니다. 식힘망 위에 케이크를 꺼내어 완전히 식힙니다.

4. 빵칼로 각 케이크 윗면을 평평하게 자르고, 가로로 반 잘라 총 4개의 층을 만듭니다. 케이크 스탠드나 접시에 유산지 스트립을 깔고 케이크 1개의 아래층을 잘린 면이 위를 향하게 놓습니다. 프로스팅 ¾컵을 골고루 펴 바릅니다. 케이크의 다른 반쪽을 잘린 면이 아래를 향하게 뒤집어 쌓고 프로스팅 ¾컵을 골고루 펴 바릅니다. 두 번째 케이크도 쌓고 프로스팅하는 과정을 반복합니다. 윗면과 옆면에 프로스팅 1컵을 골고루 펴 발라 크럼 코트합니다. 뚜껑을 덮지 않고 냉장실에 넣어 최소 30분 동안 프로스팅을 굳힙니다.

5. 짤주머니에 꽃잎 깍지(아테코나 윌슨 #104 등)를 끼우고 남은 프로스팅을 담습니다. 깍지를 수직으로 세우고 케이크 윗면 가운데부터 시작해서 스탠드나 접시를 천천히 돌리면서 프로스팅을 짭니다. 중심에서 바깥으로 점차 확장해갑니다. 케이크 옆면도 위쪽 모서리부터 내려오며 같은 방식으로 짭니다. (케이크는 뚜껑을 덮지 않은 상태로 실온에서 12시간까지 보관할 수 있습니다. 또는 뚜껑을 덮지 않은 상태로 냉장실에서 최대 2일까지 보관할 수 있습니다. 서빙 전 실온에 꺼내놓습니다.)

Naked Fruit Chiffon Cake

네이키드 푸르트 쉬폰 케이크

23㎝ 레이어 케이크 1개 분량

노출에 과감한 편인가요? 공기 함량이 높고 달걀흰자를 휘핑해서 가볍게 만든
이 케이크에는 과감한 것이 어울린답니다! 로맨틱한 케이크 층마다 휘핑크림과 제철 과일을 넣고
따뜻한 베리 소스를 뿌립니다. 프로스팅은 생략해주세요.

케이크

무염버터: 실온 상태, 팬에 바를 약간

박력분(셀프라이징 아닌 것) 1¾컵

설탕 1¼컵

베이킹파우더 1¾작은술

코셔 소금 ¾작은술

홍화씨 오일 ⅓컵

큰 달걀 6개의 노른자 + 큰 달걀 8개의 흰자: 실온 상태

우유 ⅔컵

레몬제스트 2작은술

바닐라빈 1개: 길게 갈라 긁어낸 씨

타르타르 크림 ¼작은술

휘핑크림(242쪽 참고)

제철 과일: 서양배, 무화과, 자두, 콩코드 포도, 블랙베리 등 장식용

블랙베리 쿨리

신선한 블랙베리 2컵

설탕 2큰술

신선한 레몬즙 2큰술

1. **케이크 만들기**: 오븐을 163℃로 예열합니다. 23㎝ 원형 팬 2개에 버터를 바릅니다. 팬에 유산지를 깔고 유산지에 버터를 바릅니다. 큰 볼에 밀가루, 설탕 ¾컵, 베이킹파우더, 소금을 넣고 섞습니다.

2. 또 다른 큰 볼에 오일, 달걀노른자, 우유, 레몬제스트, 바닐라 씨를 넣고 섞습니다. 이 달걀노른자 혼합물을 밀가루 혼합물에 넣고 섞습니다.

3. 달걀흰자를 전동 믹서 고속에서 거품이 날 때까지 휘젓습니다. 타르타르 크림을 넣고 부드러운 뿔이 형성될 때까지 약 2분 동안 휘젓습니다. 남은 설탕 ½컵을 천천히 넣으면서 단단하고 윤이 나는 뿔이 형성될 때까지 약 5분 동안 휘젓습니다. 이 달걀흰자 혼합물의 ⅓을 반죽에 넣고 섞습니다. 나머지 달걀흰자 혼합물을 넣고 고무 스패출러로 살살 저어 누르듯이 섞습니다. 반죽을 준비된 팬에 골고루 나누어 담습니다. 황금빛이 돌고 윗면을 살짝 눌렀을 때 되돌아오는 정도까지 약 30분 동안 굽습니다. 팬을 식힘망으로 옮겨 10분 동안 식힙니다. 식힘망 위에 케이크를 거꾸로 꺼내어 완전히 식힙니다.

4. **블랙베리 쿨리 만들기**: 중간 크기 소스팬에 블랙베리, 설탕, 레몬즙, 물 2큰술을 넣고 중강불에서 끓입니다. 불을 줄이고 스푼 뒷면으로 베리를 으깨면서 5분 더 끓입니다. 고운체에 베리 혼합물을 누르며 즙을 받습니다. 실온에서 식힙니다.

5. 빵칼로 각 케이크 층의 윗면을 평평하게 자르고, 가로로 반 잘라 총 4개의 층을 만듭니다. 층 1개를 밑면이 아래를 향하도록 서빙 쟁반에 놓습니다. 휘핑크림 1½컵을 윗면에 골고루 펴 바릅니다. 남은 케이크 층으로도 휘핑크림 1½컵을 바르고 쌓는 과정을 반복하고 제일 위층은 아무것도 바르지 않고 남겨둡니다. 안정감을 주기 위해 케이크 중앙에 나무 도웰이나 꼬치를 꽂고 케이크 높이보다 조금 짧게 자릅니다. 남은 휘핑크림 1½컵을 케이크 위에 얹고 소용돌이 모양으로 무늬를 냅니다. 과일을 케이크 위와 서빙 쟁반 주변에 자연스럽게 배치하여 장식합니다. 쿨리를 뿌리고 바로 서빙합니다.

BAKING TIP

4단계에서 브라운버터에 계란 혼합물을 한 컵 추가하면, 혼합이 끝난 반죽에서 달걀이 꺼지는 현상을 방지할 수 있어요.

Genoise with Cranberry Curd Filling

크랜베리 커드 필링 제누아즈

20㎝ 레이어 케이크 1개 분량

통통한 크랜베리로 만든 달콤새콤한 커드는 버터가 풍부한 프랑스식 스펀지 케이크를 돋보이게 하지요.
전통적으로 제누아즈는 신선한 과일과 함께 먹지만, 저희는 휘핑크림과 설탕을 입힌 크랜베리로 반짝이는 효과를 주었습니다.
가을에는 신선한 베리를 이용하고 철이 지나면 냉동 베리를 이용하면 됩니다.

무염버터 6큰술 + 팬에 바를 약간

박력분(셀프라이징 아닌 것) ⅔컵 + 팬에 뿌릴 덧가루

바닐라 엑스트랙트 1작은술

큰 달걀 5개: 실온 상태

초미립 분당 ½컵과 2큰술

옥수수전분 ½컵

크랜베리 커드(233쪽 참고)

휘핑크림(242쪽 참고)

설탕을 입힌 크랜베리(245쪽 참고, 선택)

1. 오븐을 175℃로 예열합니다. 32×45㎝ 크기의 테두리가 있는 베이킹시트에 버터를 바릅니다. 유산지를 깔고 유산지에 버터를 바릅니다. 덧가루를 뿌리고 여분을 털어냅니다.

2. 작은 소스팬에 버터를 넣고 중불에서 이따금씩 저으며 황갈색이 될 때까지 3~5분 동안 녹입니다. 이 브라운버터를 큰 볼에 옮기고 바닐라를 섞습니다. 따뜻하게 보관합니다(43~48℃).

3. 중간 크기 소스팬에 물을 몇 센티미터 채우고 끓입니다. 내열용기에 달걀과 설탕을 가볍게 섞어 중탕합니다. 초미립 분당이 녹고 혼합물이 만져보아 따뜻한 정도까지 약 2분 동안 저으며 끓입니다.

4. 전동 믹서에 달걀 혼합물을 넣고 고속으로 5분 이상 휘저어서 가볍고 부피가 4배 커지게 만듭니다. 달걀 혼합물 1컵을 따뜻한 버터 혼합물에 넣고 섞습니다.

5. 밀가루와 옥수수전분을 함께 체 칩니다. 밀가루 혼합물의 절반을 남은 달걀 혼합물에 넣고 재빠르면서도 부드럽게 섞습니다. 나머지 밀가루 혼합물도 반복합니다. 여기에 버터 혼합물을 섞습니다. 반죽을 준비된 팬에 담고 오프셋 스패출러로 윗면을 평평하게 고릅니다.

6. 황갈색으로 변하고 가장자리가 팬에서 분리되기 시작할 때까지 14~16분 동안 굽습니다. (도중에 오븐 문을 열면 케이크가 갈라지고 꺼질 수 있으니 주의하세요.) 식힘망으로 옮겨 완전히 식힙니다.

7. 빵칼로 케이크를 가로와 세로로 반 잘라 20×15㎝ 크기의 동일한 직사각형 4개를 만듭니다. 케이크 층 1개를 밑면이 아래를 향하도록 케이크 스탠드에 놓습니다. 커드 ½컵을 윗면에 골고루 펴 바르고 다른 케이크 층을 올립니다. 이 과정을 나머지 커드와 케이크 층으로 반복합니다. 냉장실에 넣어 약 30분 동안 굳힙니다. 케이크 전체에 프로스팅을 얇게 발라 크럼 코트하고 냉장실에서 약 30분 동안 단단하게 굳힙니다. 휘핑크림을 케이크 윗면과 옆면에 골고루 펴 바릅니다. 선택사항으로 설탕에 절인 크랜베리를 올립니다.

Chocolate Pecan Guinness Caramel Cake

초콜릿 피칸 기네스 캐러멜 케이크

23㎝ 레이어 케이크 1개 분량

초콜릿 흑맥주 케이크 층에 버터크림을 넉넉히 펴 바르고 솔티드 캐러멜과 초콜릿 가나슈를 뿌린 다음 중독성 있게 바삭한 설탕 절임 피칸을 얹습니다. 케이크 중앙에 도웰을 꽂아 부드러운 케이크 층에 안정감을 줍니다.

케이크

무염버터 2½스틱(1컵 4테이블스푼) + 팬에 뿌릴 덧가루

무설탕 더치 - 프로세스 코코아가루 1컵 + 팬에 뿌릴 덧가루

기네스 또는 기타 흑맥주 1⅓

무표백 중력분 2⅔

설탕 2⅔

베이킹소다 2작은술

코셔 소금 1작은술

큰 달걀 3개: 실온상태

샤워크림 또는 그릭 요거트 1컵

설탕 절임 피칸

설탕 1컵

피칸 또는 피칸 조각 1½컵(170g)

솔티드 캐러멜

헤비크림 1컵

설탕 2컵

연한색 콘시럽 2큰술

코셔 소금 1작은술

무염버터 1스틱(½컵): 스푼으로 자른 것

캐러멜 버터크림

설탕 1¼컵

큰 달걀 5개의 흰자: 실온 상태

무염버터 4스틱(2컵): 스푼으로 자른 것, 실온 상태

바닐라 엑스트랙트 1작은술

솔티드 캐러멜 ½~¾컵(위 레시피 참고)

초콜릿 가나슈

세미스위트 초콜릿 170g: 굵게 자른 것

헤비크림 ¾컵

버터 2큰술: 잘게 자른 실온 상태

1. **케이크 만들기**: 오븐을 175℃로 예열합니다. 23㎝ 원형 케이크 팬 2개에 버터를 바릅니다. 팬에 유산지를 깔고 유산지에 버터를 바릅니다. 코코아가루를 뿌리고 여분을 털어냅니다. 큰 소스팬에 흑맥주와 버터를 넣고 중불에서 끓입니다. 불을 끈 후 코코아를 넣고 부드러워질 때까지 저어줍니다. 완전히 식힙니다.

2. 큰 볼에 밀가루, 설탕, 베이킹소다, 소금을 넣고 섞습니다. 전동 믹서에 달걀과 사워크림을 넣고 완전히 섞이도록 휘젓습니다. 전동 믹서 저속에서 흑맥주 혼합물과 밀가루 혼합물을 차례로 넣으며 섞습니다. 반죽을 준비된 팬에 골고루 나누어 담고 오프셋 스패출러로 윗면을 매끈하게 고릅니다.

3. 표면을 손가락으로 살짝 눌렀을 때 되돌아오고 케이크 테스터로 가운데를 찔러보아 부스러기가 조금 묻어나오는 정도까지 35~45분 동안 굽습니다. 팬을 식힘망으로 옮겨 10분 동안 식힙니다. 식힘망 위에 케이크를 꺼내어 완전히 식힙니다.

(94쪽에서 계속)

STORAGE TIP

이 케이크는 편한 시간에 시간차를 두고 단계별로 만들어도 돼요. 버터크림과 초콜릿 가나슈는 밀폐용기에 넣거나 랩을 표면에 밀착시켜 덮어 최대 3일까지 냉장보관하거나 최대 1개월까지 냉동보관할 수 있어요. 설탕에 절인 피칸은 밀폐용기에 담아 2주까지 실온 보관하거나 1개월까지 냉동보관할 수 있고요.

4. **설탕 절임 피칸 만들기**: 테두리가 있는 베이킹시트에 논스틱 베이킹매트를 깝니다. 작은 소스팬에 설탕과 물 ¼컵을 넣고 중강불에서 끓입니다. 이따금씩 저으며 설탕이 녹고 혼합물이 연한 갈색을 띨 때까지 2~3분 동안 끓입니다. 불을 끄고 바로 피칸을 넣어 젓습니다. 준비된 베이킹시트에 붓고 완전히 식힙니다. 피칸을 도마에 옮기고 굵게 다집니다.

5. **솔티드 캐러멜 만들기**: 작은 소스팬에 크림을 넣고 약불에서 가열합니다. 중간 크기의 소스팬에 설탕, 콘시럽, 물 ⅓컵을 넣고 섞은 후, 진한 호박색이 될 때까지 중강불에서 젓지 않고 약 15분 동안 끓입니다. 불을 끄고 크림을 조심스럽게 부은 후(혼합물이 튈 수 있어요) 부드러워질 때까지 젓습니다. 중불로 줄이고 캔디 온도계가 115℃(소프트볼 단계)가 될 때까지 약 2분 동안 끓입니다. 이 혼합물을 중간 크기의 볼에 붓고 소금을 섞습니다. 15분 정도 식힌 후 버터를 한 번에 1큰술씩 넣으며 저어줍니다. 완전히 식힙니다.

6. **캐러멜 버터크림 만들기**: 내열용기에 설탕과 달걀흰자를 넣은 후 설탕이 녹고 온도계가 60℃를 가리킬 때까지 저으면서 중탕합니다. 불을 끕니다. 전동 믹서 중속과 고속 사이에서 단단하고 윤이 나는 뿔이 형성될 때까지 버터크림 혼합물을 휘젓습니다. 속도를 중속과 저속 사이로 낮추고 버터를 한 번에 몇 큰술씩 넣으며 부드러워질 때까지 계속 휘젓습니다. 바닐라와 캐러멜을 넣고 젓습니다.

7. **초콜릿 가나슈 만들기**: 중간 크기의 볼에 초콜릿을 담습니다. 작은 소스팬에 크림을 넣고 중불에서 한 번 부르르 끓어오르게 합니다. 초콜릿 위에 붓고 1분 동안 그대로 둡니다. 부드럽고 윤기가 흐를 때까지 저은 후 버터를 넣고 더 저어줍니다. 20분 동안 식힙니다.

8. **조립하기**: 빵칼로 각 케이크 층 윗면을 평평하게 자르고, 가로로 반 잘라 총 4개의 층을 만듭니다. 케이크 층 1개를 밑면이 아래를 향하도록 케이크 스탠드에 놓습니다. 캐러멜 버터크림 2컵을 골고루 펴 바르고 설탕 절임 피칸 몇 개를 얹습니다. 캐러멜을 흘러내리게 부은 후 설탕 절임 피칸을 몇 개 더 얹습니다. 이 과정을 나머지 케이크 층으로도 반복하고 맨 위층에는(밑면을 뒤집음) 아무것도 올리지 않습니다. 안정성을 높이기 위해 케이크 중앙에 도웰을 꽂고 케이크 높이보다 조금 짧게 자릅니다. 윗면에 가나슈를 펴 바르고 남은 설탕 절임 피칸을 뿌립니다. 서빙 전 20분 동안 냉장실에 넣어둡니다.

BAKING TIP
23×33㎝ 팬으로 대체할 수 있어요. 굽는 시간도 거의 동일하게 걸립니다.

Apple Layer Cake

애플 레이어 케이크

20㎝ 레이어 케이크 1개 분량

향신료가 발랄하게 들어간 이 케이크의 주인공은 사과랍니다. 깍둑썰기하거나 갈아서 반죽에 넣기도 하고 슬라이스해서 (케이크를 차갑게 굳히는 동안 또는 2일 전에 준비) 크림치즈 프로스팅을 장식하기도 합니다. 저희는 파머스마켓에서 핑커부Pink-a-Boos 사과가 눈에 띄어 사왔지만 여러분의 시선을 사로잡은 것이면 무엇이든 좋아요.

케이크

무염버터 1스틱(½컵): 녹인 것 + 팬에 바를 약간

무표백 중력분 2컵 + 팬에 뿌릴 덧가루

베이킹소다 2작은술

베이킹파우더 ½작은술

계피가루 2작은술

생강가루 ½작은술

코셔 소금 ¾작은술

눌러 담은 황설탕 2컵

큰 달걀 2개: 실온 상태

작은 베이킹 사과 4개(약 570g): 핑커부나 그래니 스미스Granny Smiths 등, 껍질을 벗겨 2개는 굵은 강판에 갈고 2개는 작게 깍둑썰기함

크림치즈 프로스팅(240쪽 참고)

사과칩

설탕 ½컵

작은 베이킹 사과 4개(약 570g): 핑커부나 그래니 스미스 등, 씨가 있는 상태로 0.3~0.6㎝ 두께로 얇게 썬 것

1. **케이크 만들기**: 오븐을 175℃로 예열합니다. 20㎝ 원형 케이크 팬 3개에 버터를 바릅니다. 팬에 유산지를 깔고 유산지에 버터를 바릅니다. 덧가루를 뿌리고 여분을 털어냅니다. 중간 크기의 볼에 밀가루, 베이킹소다, 베이킹파우더, 계피, 생강, 소금을 넣고 섞습니다.

2. 큰 볼에 버터, 황설탕, 달걀을 넣고 휘저은 다음 사과를 갈고 깍둑썰기하여 넣습니다. 밀가루 혼합물을 넣고 가볍게 섞습니다. 반죽을 준비된 팬에 골고루 나누어 담고 오프셋 스패출러로 윗면을 매끈하게 고릅니다.

3. 케이크 테스터로 가운데를 찔러보아 깨끗하게 나오는 정도까지 35~40분 동안 굽습니다. 팬을 식힘망으로 옮겨 20분 동안 식힙니다. 식힘망 위에 케이크를 꺼내어 완전히 식힙니다. 빵칼로 각 케이크 층 윗면을 평평하게 자릅니다. 케이크 접시나 스탠드에 유산지 스트립을 깔고 케이크 1개를 잘린 면이 위를 향하게 놓습니다. 프로스팅 1컵을 골고루 펴 바르고 두 번째 케이크 층을 올립니다. 프로스팅 1컵을 또 바르고 세 번째 케이크 층을 올립니다. 케이크 전체에 프로스팅을 얇게 발라 크럼 코트합니다. 냉장실에 넣고 약 30분 동안 굳힙니다. 남은 프로스팅을 윗면과 옆면에 골고루 펴 바릅니다. 냉장실에 최소 1시간에서 최대 4일까지 보관합니다.

4. **구운 사과칩 만들기**: 오븐 온도를 107℃로 낮춥니다. 중간 크기 소스팬에 설탕과 물 ½컵을 넣고 중강불에서 이따금씩 저으며 설탕을 녹입니다. 사과 슬라이스가 반투명하고 아직 말랑해지지 않은 상태까지 30초~1분 동안 익힙니다. 유산지를 깐 베이킹시트 2개에 슬라이스를 1.3~2.5㎝ 간격으로 놓습니다. 오븐으로 옮겨서 사과가 약간 굳을 때까지 30분마다 뒤집어주며 1시간 30분~2시간 30분 동안 건조시킵니다. 식힘망으로 옮겨 완전히 식히고 말립니다. (사과칩은 밀폐용기에 담아 최대 2일까지 보관할 수 있습니다.)

5. 케이크를 실온에 꺼냅니다. 케이크 하단에 사과칩을 조금씩 겹쳐 붙이며 장식합니다. 빵칼로 케이크를 잘라 서빙합니다.

Mile-High Salted-Caramel Chocolate Cake

마일-하이 솔티드-캐러멜 초콜릿 케이크

23㎝ 레이어 케이크 1개 분량

정말 최고로 진한 초콜릿이에요. 걸쭉한 솔티드 캐러멜을 초콜릿 케이크 층 사이에 듬뿍 바릅니다.
그다음 다크초콜릿 프로스팅으로 덮고 얇고 납작한 소금을 뿌려요. 케이크를 조립하기 3일 전에 케이크 층과 캐러멜을 준비하세요.
차가운 상태일 때 쌓기 쉬울 뿐더러 손쉽게 척척 만들어내는 것처럼 보일 거예요.

케이크

무염버터: 실온 상태, 팬에 바를 약간

무가당 더치-프로세스 코코아가루 1½컵

무표백 중력분 3컵

설탕 3컵

베이킹소다 1큰술

베이킹파우더 1½작은술

코셔 소금 1½작은술

큰 달걀 4개: 실온 상태

버터밀크 1½컵

따뜻한 물 1½컵

홍화씨 오일 ½컵과 2큰술

바닐라 엑스트랙트 2작은술

캐러멜

설탕 4컵

연한색 콘시럽 ¼컵

헤비크림 2컵

코셔 소금 1작은술

무염버터 2스틱(1컵): 스푼으로 자른 것

더블 초콜릿 프로스팅(241쪽 참고)

얇고 납작한 천일염: 말돈Maldon 등, 장식용

1. **케이크 만들기**: 오븐을 175℃로 예열합니다. 23㎝ 원형 케이크 팬 3개에 버터를 바릅니다. 팬에 유산지를 깔고 유산지에 버터를 바릅니다. 코코아가루를 뿌리고 여분을 털어냅니다. 큰 볼에 밀가루, 설탕, 코코아, 베이킹소다, 베이킹파우더, 소금을 넣고 전동 믹서 저속에서 가볍게 섞습니다. 속도를 중속으로 높이고 달걀, 버터밀크, 따뜻한 물, 오일, 바닐라를 넣고 부드러워질 때까지 약 3분 동안 휘젓습니다.

2. 반죽을 준비된 팬에 골고루 나누어 담고 오프셋 스패출러로 윗면을 평평하게 고릅니다. 케이크가 단단해지고 케이크 테스터로 가운데를 찔러보아 깨끗하게 나오는 정도까지 약 35분 동안 굽습니다. 팬을 식힘망으로 옮겨 약 15분 동안 식힙니다. 식힘망 위에 케이크를 꺼내어 완전히 식힙니다.

3. **캐러멜 만들기**: 중간 크기 소스팬에 설탕, 콘시럽, 물 ¼컵을 넣고 섞은 후 진한 호박색이 될 때까지 강불에서 젓지 않고 약 14분 동안 끓입니다. 불을 끄고 크림을 조심스럽게 부은 후(혼합물이 튈 수 있어요) 부드러워질 때까지 젓습니다. 다시 강불로 올리고 캔디 온도계로 115℃, 즉 소프트볼 단계가 될 때까지 약 2분 동안 끓입니다. 이 캐러멜을 중간 크기 볼에 붓고 소금을 섞습니다. 15분 정도 살짝 식힌 후 버터를 한 번에 1큰술씩 넣으며 저어줍니다. 완전히 식힙니다.

4. 빵칼로 각 케이크 층 윗면을 평평하게 자르고, 가로로 반 잘라 총 6개의 층을 만듭니다. 서빙 접시나 케이크 스탠드에 유산지 스트립을 깝니다. 케이크 층 1개를 올리고 캐러멜 ¾컵을 펴 바른 후 다른 케이크 층을 올립니다. 남은 캐러멜과 케이크 층으로도 반복합니다. 맨 위층에는 아무것도 바르지 않습니다. 냉장실에 넣고 약 1시간 동안 굳힙니다. 케이크 전체에 프로스팅을 얇게 발라 크럼 코트합니다. 냉장실에 넣고 약 30분 동안 굳힙니다. 프로스팅을 케이크 윗면과 옆면에 S자를 그리며 바릅니다. 천일염을 뿌려 장식합니다.

DECORATING TIP

아이스박스 케이크를 조립할 때 네 꼭짓점 자리에 올라갈 첫 쿠키에는 휘핑크림을 조금 묻히고 쟁반에 올립니다. 더욱 안정감 있게 쌓을 수 있거든요.

Mint-Chocolate Icebox Cake

민트-초콜릿 아이스박스 케이크

20㎝ 레이어 케이크 1개 분량

가족이 함께 만들어보세요. 민트 초콜릿의 유혹 속에 쿠키를 쌓다 보면 아이들의 재잘거림이 끊이지 않을 거예요.
케이크가 처음에는 딱딱하지만 냉장실에서 차츰 부드러워지니
조각으로 자르는 것이 어렵지 않아요.

쿠키

무표백 중력분 4½컵 + 팬에 뿌릴 덧가루

무가당 더치-프로세스 코코아가루 1¾컵

코셔 소금 ¾작은술

무염버터 4½스틱(2¼컵): 실온 상태

슈거파우더 3¾컵: 체 친 것

큰 달걀 3개: 실온 상태

바닐라 엑스트랙트 1½작은술

민트 휘핑크림

헤비크림 2¼컵

슈거파우더 ¼컵: 체 친 것

민트 엑스트랙트: ¼작은술

다크초콜릿: 장식용

1. **쿠키 만들기**: 큰 볼에 밀가루, 코코아, 소금을 섞습니다.

2. 전동 믹서에 버터와 슈거파우더를 넣고 중속과 고속 사이에서 3~5분 동안 풍성해질 때까지 휘젓습니다. 도중에 필요에 따라 볼의 옆면을 긁어내려줍니다. 달걀을 한 번에 하나씩 넣으며 젓습니다. 바닐라 엑스트랙트를 추가합니다. 믹서를 저속으로 낮추고 밀가루 혼합물을 천천히 넣으면서 잘 섞어줍니다.

3. 반죽을 4덩이로 나눕니다. 유산지 위에 0.6㎝ 두께로 반죽을 밀어 펼칩니다. 냉장실에 넣어 최소 30분에서 최대 1시간 동안 차갑게 만듭니다.

4. 오븐을 175℃로 예열합니다. 6.5㎝ 정사각형 커터로 반죽을 잘라냅니다. 필요한 경우 자투리 반죽을 뭉쳐 한 번 더 반복합니다(총 63개의 쿠키가 필요함). 유산지를 깐 베이킹시트로 옮기고 냉장실에 넣어 최소 15분 동안 굳힙니다. 쿠키가 만졌을 때 약간 단단하지만 어두운 색으로 변하지 않은 상태까지 약 10~12분 동안 굽습니다. 베이킹시트에 있는 쿠키를 식힘망으로 옮깁니다.

5. **민트 휘핑크림 만들기**: 큰 볼에 헤비크림, 슈거파우더, 민트 엑스트랙트를 넣고 전동 믹서 중속과 고속 사이에서 단단한 뿔이 형성될 때까지 휘젓습니다.

6. 쟁반에 쿠키 9개를 모서리끼리 서로 닿게 정사각형으로 배열합니다. 쿠키 위에 민트 휘핑크림 ¾컵을 골고루 펴 바릅니다. 이 과정을 5개 층을 더 쌓으며 반복하고 마지막 쿠키 층을 덮고 마무리합니다. 랩으로 느슨하게 쌉니다. 냉장실로 옮겨 최소 4시간에서 최대 12시간 동안 차갑게 보관합니다. 핸드 그레이터로 다크초콜릿을 얇게 썰어 뿌리고 서빙합니다.

3
Everyday Cakes
일상의 케이크

이번 장의 케이크들은 편안한 마음으로 평일에도 언제든 만들어 먹을 수 있는 케이크입니다.
어른 취향의 버번, 베리 및 다양한 버터 맛을 향유할 수도 있고, 어린 시절 즐겨 먹었던
스니커두들과 피넛버터 젤리 샌드위치에 대한 애정도 느낄 수 있으니,
일상을 특별하게 만드는 방법 중 하나가 될 거예요.

Pistachio-Cardamom Bundt

피스타치오-카더멈 번트

10~14인분

향신료를 가미하고 시칠리아 피스타치오와 말린 장미 꽃잎으로 색을 입힌 이 번트 케이크는 중동의 특색이 살아 있어요. 저희는 장미 꽃잎으로 장식을 했지만 신선한 유기농 카모마일이나 엘더플라워도 좋습니다. 번트의 가장 까다로운 부분은 팬에서 케이크를 통째로 잘 꺼내는 것인데, 버터를 충분히 바르고 밀가루를 넉넉하게 뿌리면 충분히 성공할 수 있어요.

케이크

무염버터 2스틱(1컵): 실온 상태 + 팬에 바를 약간

무표백 중력분 2¼컵 + 팬에 뿌릴 덧가루

껍질 벗긴 무염 피스타치오 1컵: 시칠리아산 선호

베이킹파우더 1작은술

베이킹소다 ½작은술

코셔 소금 1작은술

카더멈가루 ½작은술

그래뉴당 1½컵

큰 달걀 4개: 실온 상태

버터밀크 1컵: 실온 상태

글레이즈

슈거파우더 2컵: 체 친 것

로즈 워터: ¼작은술

우유 2~3큰술

껍질 벗긴 무염 피스타치오 ¼컵: 시칠리아산 선호, 잘게 다진 것

말린 유기농 장미 꽃잎 3큰술

1. **케이크 만들기**: 오븐 중앙에 선반을 끼우고 175℃로 예열합니다. 제빵용 붓으로 12컵 용량의 번트 팬에 버터를 충분히 바릅니다. 덧가루를 뿌리고 여분을 털어냅니다. 푸드 프로세서에 피스타치오를 넣고 펄스 기능으로 곱게 갑니다. 중간 크기 볼에 갈아놓은 피스타치오, 밀가루, 베이킹파우더, 베이킹소다, 소금, 카더멈을 넣고 섞습니다.

2. 큰 볼에 버터와 설탕을 넣고 전동 믹서 중속과 고속 사이에서 연한 미색으로 풍성해질 때까지 약 3분 동안 휘젓습니다. 도중에 필요에 따라 볼의 옆면을 긁어내려줍니다. 달걀을 한 번에 하나씩 넣으며 잘 저어줍니다. 믹서를 저속으로 낮추고 밀가루 혼합물을 두 번으로 나누어 버터밀크와 번갈아 넣으면서 섞습니다.

3. 반죽을 준비된 팬에 담습니다. 표면을 살짝 눌렀을 때 되돌아오고 케이크 테스터로 가운데를 찔러보아 깨끗하게 나오는 정도까지 45~50분 동안 굽습니다. 팬을 베이킹시트에 받친 식힘망이나 유산지로 옮겨 30분 동안 식힙니다. 식힘망 위에 케이크를 꺼내어 완전히 식힙니다.

4. **글레이즈 만들기**: 중간 크기 볼에 슈거파우더, 로즈 워터, 우유를 넣고 부드러워질 때까지 섞습니다. (불투명한 글레이즈를 만들려면 우유 양을 줄이고 묽은 글레이즈를 만들려면 우유 양을 늘립니다.) 글레이즈를 계량컵으로 옮겨 담고 케이크 위에서 둥글게 돌리며 붓습니다. 곧바로 피스타치오와 장미 꽃잎을 뿌립니다. 30분 동안 그대로 굳히고 나서 자릅니다.

BAKING TIP
코코넛을 175℃ 오븐에서 가끔씩 뒤적이며 5~10분 동안 굽습니다. 코코넛은 갈색이 도는 듯하다가 어느새 타버리므로 계속 지켜보는 게 좋아요.

Tropical Pound Cake

트로피컬 파운드 케이크

8인분

버터밀크의 시큼한 맛이 코코넛의 달달한 맛과 조화를 이룹니다.
코코넛은 온 가족에게 사랑받는 재료인 만큼 안에도 듬뿍 넣고 겉에도 넉넉히 뿌립니다.
케이크를 만들기 시작하기 전, 또는 최대 하루 전에 미리 구워놓습니다.

무염버터 1½스틱(¾컵): 실온 상태 + 팬에 바를 약간

무표백 중력분 2컵 + 팬에 뿌릴 덧가루

베이킹파우더 ½작은술

코셔 소금 1작은술

그래뉴당 1컵

바닐라 엑스트랙트 1작은술

큰 달걀 3개: 실온 상태

버터밀크 1컵과 2큰술

가당 코코넛 채 1½컵: 구운 것

슈거파우더 1컵: 체 친 것

1. 오븐을 175℃로 예열합니다. 11.3×20.3㎝ 크기의 로프 팬에 버터를 바릅니다. 덧가루를 뿌리고 여분을 털어냅니다. 중간 크기 볼에 밀가루, 베이킹파우더, 소금을 넣고 섞습니다. 큰 볼에 버터와 그래뉴당을 넣고 전동 믹서 중속과 고속 사이에서 연한 미색으로 풍성해질 때까지 휘젓습니다. 도중에 필요에 따라 볼의 옆면을 긁어내려줍니다. 바닐라를 추가하고 달걀을 한 번에 하나씩 넣으며 잘 저어줍니다. 필요에 따라 볼의 옆면을 긁어내려줍니다. 믹서를 저속으로 낮추고 밀가루 혼합물을 세 번으로 나누어 버터밀크 ½컵과 두 차례 번갈아 넣으면서 섞습니다. 코코넛 1¼컵을 넣어 고무 스패출러로 섞습니다.

2. 반죽을 준비된 팬에 담습니다. 노릇노릇해지고 케이크 테스터로 가운데를 찔러보아 촉촉한 부스러기가 조금 묻어나오는 정도까지 약 1시간 동안 굽습니다. 테두리가 있는 베이킹시트에 식힘망을 올리고 팬을 옮깁니다. 식힘망 위에 케이크를 꺼낸 후 완전히 식힙니다. (랩으로 싼 후 실온에서 최대 4일까지 보관할 수 있습니다.)

3. 슈거파우더와 남은 버터밀크 2큰술을 섞습니다. 케이크 위에 흘러내리게 뿌리고 남은 코코넛 ¼컵을 뿌립니다.

Nectarine Skillet Cake

천도복숭아 무쇠팬 케이크

8 인분

손쉽게 만들 수 있는 무쇠팬 케이크 위에 얇게 썬 과일 조각이 소박하면서도 우아한 장미꽃으로 피어납니다.
팬 가장자리부터 시작하고 껍질이 위를 향하도록 조금씩 겹쳐서 놓아요.
동심원을 그리며 가운데까지 온 후 마지막에 꽃봉오리처럼 놓으면 됩니다.

무염버터 4큰술: 실온 상태 + 팬에 바를 약간

무표백 중력분 1컵

베이킹파우더 ½작은술

베이킹소다 ¼작은술

코셔 소금 ½작은술

설탕 ¾컵과 3큰술

큰 달걀 1개: 실온 상태

바닐라 엑스트랙트 2작은술

버터밀크 ½컵: 실온 상태

천도복숭아 3~4개: 중간 크기, 반 잘라 씨를 빼내고 얇게 썬 것

1. 오븐을 190℃로 예열합니다. 20㎝ 무쇠팬 또는 에나멜 코팅 무쇠팬에 버터를 바릅니다. 작은 볼에 밀가루, 베이킹파우더, 베이킹소다, 소금을 넣고 섞습니다.

2. 중간 크기 볼에 버터와 설탕 ¾컵을 넣고 전동 믹서 중속과 고속 사이에서 연한 미색으로 풍성해질 때까지 약 2분 동안 휘젓습니다. 달걀과 바닐라를 넣고 섞습니다. 밀가루 혼합물을 우유와 번갈아 넣으면서 반죽이 부드러워질 때까지 섞습니다.

3. 반죽을 무쇠팬에 붓고 작은 오프셋 스패출러로 팬 가장자리까지 평평하게 고릅니다. 복숭아 슬라이스를 팬 가장자리부터 시작해서 가운데를 향해 동심원을 그리며 배열합니다. 껍질이 위를 향해야 하고 서로 겹치도록 놓습니다. 장미 패턴이 나올 거예요. 남은 설탕 3큰술을 뿌립니다.

4. 노릇노릇해지고 케이크 테스터로 가운데를 찔러보아 깨끗하게 나오는 정도까지 약 45분 동안 굽습니다. 완전히 식힙니다. 무쇠팬 그대로 서빙합니다.

Fudgy Brownie Cake

퍼지 브라우니 케이크

10 ~ 12인분

코코아가루를 뿌린 것밖에 없는 수수한 외관이지만,
아주 강렬한 맛이 초콜릿 애호가들을 매료시킬 거예요.
20분 안에 마무리 지을 수 있는 아이싱입니다.

무염버터 1스틱(½컵): 스푼으로 자른 것 + 팬에 바를 약간

무가당 더치-프로세스 코코아가루 ¼컵 + 덧가루

비터스위트 초콜릿(카카오 함량 61~70%) 170g: 잘게 자른 것

설탕 ¾컵과 2큰술

큰 달걀 1개의 노른자 + 큰 달걀 3개의 흰자: 실온 상태

코셔 소금 ½작은술

무표백 중력분 3큰술

1. 오븐을 163℃로 예열합니다. 23㎝ 스프링폼 팬에 버터를 바릅니다. 코코아 덧가루를 뿌리고 여분을 털어냅니다. 내열용기에 버터와 비터스위트 초콜릿을 넣고 저으면서 부드러워질 때까지 중탕으로 녹입니다. 불을 끄고 설탕 ¾컵을 넣고 저어줍니다. 달걀노른자, 코코아, 소금을 차례로 넣으며 저어줍니다.

2. 중간 크기 볼에 달걀흰자를 넣고 전동 믹서 중속에서 거품이 날 때까지 휘젓습니다. 속도를 중속과 고속 사이로 높이고 남은 설탕 2큰술을 천천히 넣습니다. 단단하고 윤이 나는 뿔이 형성될 때까지 약 4분간 휘젓습니다.

3. 고무 스패출러로 밀가루를 초콜릿 혼합물에 넣은 다음 달걀흰자를 넣습니다. 반죽을 팬에 붓고 작은 오프셋 스패출러로 팬 가장자리까지 평평하게 고릅니다. 단단해질 때까지 30~35분 동안 굽습니다. 팬을 식힘망으로 옮겨 완전히 식힙니다. 팬 둘레를 제거하고 케이크 윗면에 코코아가루를 뿌립니다. (팬에 든 케이크는 랩으로 싸서 실온에서 1일까지 보관할 수 있습니다. 랩이 케이크에 닿지 않게 주의하세요.)

Apricot Cheesecake

살구 치즈케이크

10인분

크리미한 치즈케이크가 새콤달콤한 살구와 완벽한 대조를 이루네요. 과일 프리저브는 젤라틴과 만나 반투명한 상단이 됩니다. 황금색 스테인드글라스가 빛나는 것 같아요. 부드러운 식감을 지키려면 젤라틴을 먼저 만들어야 하는데, 약간의 물에 젤라틴 가루를 뿌리고 약 5분 정도 놓아두면 됩니다.

크러스트

그레이엄 크래커 시트 8개(약 142g): 곱게 간 것(1컵)

무염버터 2큰술: 녹인 것

설탕 2큰술

코셔 소금 한 꼬집

필링

크림치즈 4팩(각 227g): 실온 상태

설탕 1½컵과 2큰술

코셔 소금 한 꼬집

바닐라 엑스트랙트 1작은술

큰 달걀 4개: 실온 상태

토핑

무향 젤라틴 ½작은술(7g 봉지에서)

찬물 1½작은술

살구 프리저브 368g짜리 1병(1컵과 2큰술)

1. **크러스트 만들기**: 오븐을 175℃로 예열합니다. 23㎝ 스프링폼 팬 바닥에 유산지를 깝니다. 중간 크기 볼에 그레이엄 크래커 가루, 녹인 버터, 설탕, 소금을 넣고 젓습니다. 이 크럼 혼합물을 팬 바닥에 꾹꾹 누르며 깝니다. 단단해질 때까지 약 10분 동안 굽습니다. 팬을 식힘망으로 옮겨 완전히 식힙니다.

2. **필링 만들기**: 오븐 온도를 163℃로 낮춥니다. 스프링폼 팬의 외부를 두 겹 포일로 감쌉니다. 물 한 주전자를 끓입니다. 전동 믹서에 크림치즈를 담고 중속에서 푹신하고 부드러워질 때까지 약 3분 동안 휘젓습니다. 속도를 저속으로 낮추고 설탕을 천천히 일정한 흐름으로 넣습니다. 소금과 바닐라를 넣고 잘 섞어줍니다. 달걀을 한 번에 하나씩 넣으며 가볍게 저어줍니다(과도하게 젓지 마세요).

3. 크고 얕은 로스팅 팬에 스프링폼 팬을 놓습니다. 필링을 크러스트 위에 붓습니다. 팬을 오븐에 넣습니다. 끓는 물을 스프링폼 팬 측면의 절반까지 차오르도록 로스팅 팬에 조심스럽게 붓습니다. 단단하지만 가운데는 살짝 일렁일 때까지 약 1시간 15분 동안 굽습니다.

4. 팬을 식힘망으로 옮기고 포일을 제거한 후 완전히 식힙니다. 아무것도 씌우지 않고 최소 24시간 동안 냉장보관합니다. 칼로 케이크 가장자리를 한 바퀴 지나간 다음 팬에서 꺼냅니다.

5. **토핑 만들기**: 작은 볼에 찬물을 담고 젤라틴을 뿌립니다. 부드러워질 때까지 약 5분 동안 놓아둡니다. 한편 작은 소스팬에 살구 프리저브를 넣고 중약불에서 따뜻해질 때까지 약 2분 동안 끓입니다. 부드러워진 젤라틴을 넣고 섞습니다. 조금 식힌 다음 고운체에 거르면서 치즈케이크 위에 뿌립니다. 오프셋 스패출러로 골고루 펴 바르고 약 2시간 동안 차갑게 굳히고 서빙합니다.

BAKING TIP

루바브는 마사가 키우는
뉴 발렌타인 품종처럼
장밋빛 붉은색이 더
단맛이 난답니다.

Rhubarb Crumb Cake

루바브 크럼 케이크

8 인분

루바브는 파이에 어울리는 채소라고도 하지만, 시고 즙이 많은 줄기 부분은 케이크와도 잘 어울려요.
특히 바삭한 황설탕 크럼과 함께라면 더할 나위 없지요. 이 상태에서 완성해도 되지만,
1단계에서 남은 루바브 시럽을 휘핑크림에 넣고 저어서 얹어보세요.

루바브 227g(약 3줄기): 세로로 반 자르고 3등분한 것

그래뉴당 1컵

무표백 중력분 1¾컵 + 팬에 뿌릴 덧가루

눌러 담은 황설탕 ½컵

코셔 소금 ¾작은술

무염버터 4큰술: 차갑고 잘게 자른 것 + 6큰술: 실온 상태 + 팬에 바를 약간

베이킹파우더 1¼작은술

큰 달걀 2개: 실온 상태

사워크림 ¼컵: 실온 상태

곱게 간 오렌지제스트 1작은술

헤비크림 1컵

1. 중간 크기 볼에 루바브와 그래뉴당 ¼컵을 버무립니다. 설탕이 녹을 때까지 약 30분 동안 놓아둡니다. 가끔씩 뒤적여줍니다.

2. **스트로이젤 만들기**: 중간 크기 볼에 밀가루 ½컵, 황설탕, 소금 ¼작은술을 넣고 섞습니다. 손가락으로 차가운 버터를 중간 크기 덩어리로 으깹니다. 이 혼합물을 볼 바닥에 눌러 담고 최소 20분 동안 냉장실에 넣어둡니다.

3. 오븐을 175℃로 예열합니다. 23㎝ 원형 케이크 팬에 버터를 바릅니다. 팬에 유산지를 깔고 유산지에 버터를 바릅니다. 덧가루를 뿌리고 여분을 털어냅니다. 중간 크기 볼에 베이킹파우더, 남은 밀가루 1¼컵, 소금 ½작은술을 넣고 섞습니다. 다른 중간 크기 볼에 실온 상태의 버터와 남은 설탕 ¾컵을 넣고 휘젓습니다. 달걀을 한 번에 하나씩 넣으며 휘젓습니다. 밀가루 혼합물의 절반을 넣은 후 사워크림과 제스트를 넣습니다. 남은 밀가루 혼합물을 넣고 가볍게 섞습니다. 반죽을 준비된 팬으로 옮기고 오프셋 스패출러로 윗면을 매끈하게 고릅니다.

4. 스트로이젤을 큰 조각으로 부스러뜨리고 절반을 반죽 위에 뿌립니다. 루바브를 체에 거르고(시럽은 따로 보관함) 반죽 위에 뿌립니다. 남은 스트로이젤을 뿌립니다. 케이크 가장자리가 팬에서 분리되고 케이크 테스터로 가운데를 찔러보아 깨끗하게 나오는 정도까지 40~45분 동안 굽습니다. 팬을 식힘망으로 옮겨 20분 동안 식힙니다. 식힘망 위에 케이크를 꺼내어 완전히 식힙니다.

5. 크림을 부드러운 뿔이 형성될 때까지 휘젓습니다. 따로 보관한 루바브 시럽을 넣어 단맛을 가미합니다. 다시 휘저어 부드러운 뿔이 형성되는 상태를 되살리고 케이크와 함께 서빙합니다.

Red Velvet Pound Cake

레드 벨벳 파운드 케이크

12인분

미리 만들어두었지만 오븐에서 갓 꺼낸 것 같은 디저트가 필요할 때,
이 파운드 케이크가 그 마법을 부려줄 거예요.
버터밀크는 최대 2일까지 벨벳 같은 식감을 유지시켜주는 비밀 병기랍니다.

무염버터 1스틱(½컵)과 2큰술: 실온 상태 + 팬에 바를 약간

무가당 더치-프로세스 코코아가루 2큰술 + 팬에 뿌릴 덧가루

무표백 중력분 1½컵

베이킹소다 ¼작은술

코셔 소금 1작은술

그래뉴당 1¼컵

큰 달걀 3개: 실온 상태

바닐라 엑스트랙트 ¾작은술

화이트 증류 식초 ½작은술

버터밀크 ½컵: 실온 상태

젤 식용 색소 ¼작은술: 빨간색

크림치즈 113g: 실온 상태

슈거파우더 ½컵: 체 친 것

1. 오븐을 163℃로 예열합니다. 23×13㎝ 크기의 로프 팬에 버터를 바릅니다. 코코아 덧가루를 뿌리고 여분을 털어냅니다. 중간 크기 볼에 밀가루, 코코아, 베이킹소다, 소금을 넣고 섞습니다.

2. 다른 중간 크기 볼에 버터와 그래뉴당을 넣고 전동 믹서 고속에서 약 4분 동안 연한 미색으로 풍성해질 때까지 휘젓습니다. 도중에 볼의 옆면을 긁어내려줍니다. 믹서를 중속으로 낮춥니다. 달걀을 한 번에 하나씩 넣고 볼의 옆면을 긁어내리며 잘 섞습니다. 바닐라 ½작은술과 식초를 넣고 섞습니다. 믹서를 저속으로 낮추고 밀가루 혼합물을 세 부분으로 나누어 버터밀크와 번갈아 넣는데 밀가루 혼합물로 시작하고 끝을 맺습니다. 잘 섞은 다음 젤 식용 색소를 넣고 완전히 섞습니다.

3. 반죽을 준비된 팬에 붓습니다. 팬을 조리대에 탁 내려치고 오프셋 스패출러로 윗면을 매끈하게 고릅니다. 케이크 테스터로 가운데를 찔러보아 깨끗하게 나오는 정도까지 약 1시간 20분 동안 굽습니다. 만약 너무 빨리 갈색으로 변하면 포일로 덮어줍니다. 팬을 식힘망으로 옮겨 15분 동안 식힙니다. 식힘망 위에 케이크를 꺼내어 완전히 식힙니다. (케이크는 랩으로 싸서 실온에서 최대 2일까지 보관할 수 있습니다.)

4. 서빙할 준비가 되면 중간 크기 볼에 크림치즈, 슈거파우더, 남은 바닐라 ¼작은술을 넣고 전동 믹서 중속과 고속 사이에서 부드러워질 때까지 휘젓습니다. 오프셋 스패출러로 윗면에 골고루 펴 바릅니다. 케이크를 잘라 서빙합니다.

Double-Orange Bundt Cake

더블-오렌지 번트 케이크

10~12인분

이 번트 케이크에는 오렌지가 두 배나 들어 있어요. 신선한 즙과 제스트를 반죽에 섞고 쿠앵트로가 가미된 시럽을 바닥에 흡수시키는 한편 윗면에는 이글거리는 글레이즈를 발라줍니다. 저희는 노르딕웨어Nordic Ware의 브릴리언스Brilliance 번트 팬을 사용해서 빛나는 햇살을 연출했는데 10컵 용량의 다른 모양 팬으로 대체해도 좋습니다.

케이크

무염버터 2스틱(1컵): 실온 상태 + 팬에 바를 약간

무표백 중력분 3컵 + 팬에 뿌릴 덧가루

우유 ½컵

곱게 간 오렌지제스트 1큰술 + 신선한 오렌지즙 ½컵(큰 오렌지 2개에서 추출)

베이킹파우더 1작은술

베이킹소다 ¾작은술

코셔 소금 1½작은술

카더멈가루 1¼작은술

설탕 1½컵

큰 달걀 4개: 실온 상태

바닐라 엑스트랙트 1큰술

글레이즈

무염버터 1스틱(½컵)

오렌지 리큐르 ½컵: 쿠앵트로Cointreau 또는 트리플 섹triple sec

설탕 ⅔컵

1. **케이크 만들기**: 오븐을 175℃로 예열합니다. 10~15컵 분량의 번트 팬에 붓으로 버터를 넉넉히 바릅니다. 덧가루를 뿌리고 여분을 털어냅니다. 작은 볼에 밀가루와 오렌지즙을 넣고 젓습니다. 또 다른 볼에 밀가루, 베이킹파우더, 베이킹소다, 소금, 카더멈을 넣고 완전히 섞습니다.

2. 큰 볼에 버터, 설탕, 오렌지제스트를 넣고 전동 믹서 중속과 고속 사이에서 연한 미색으로 풍성해질 때까지 약 2~3분 동안 휘젓습니다. 달걀을 한 번에 하나씩 넣으며 휘젓습니다. 바닐라를 추가합니다. 믹서를 중속과 저속 사이로 낮추고 밀가루 혼합물을 두 번으로 나누어 우유 혼합물과 번갈아 넣는데 밀가루로 시작하고 끝을 맺습니다. 고루 섞습니다. 반죽을 준비된 팬에 담고 오프셋 스패출러로 윗면을 매끈하게 고릅니다.

3. 케이크가 살짝 부풀고 나무 꼬치로 가운데를 찔러보아 깨끗하게 나오는 정도까지 약 45분 동안 굽습니다. 팬을 식힘망 위에 올리고 15분 정도 식힙니다(오븐을 끄지는 마세요).

4. **글레이즈 만들기**: 작은 소스팬에 버터를 넣고 중강불에서 끓입니다. 끓어오르면 불을 끄고 조심스럽게 리큐르를 넣습니다(거품이 생길 거예요). 거품이 가라앉으면 설탕을 넣고 젓습니다. 중약불로 줄이고 설탕이 녹을 때까지 약 1분 동안 저으면서 끓입니다. 불을 끕니다.

5. 나무 꼬치로 케이크를 2.5㎝ 간격으로 찔러 구멍을 냅니다. 글레이즈 절반을 붓으로 골고루 바르고 10분 동안 그대로 두어 완전히 흡수시킵니다. 베이킹시트 위에 번트 팬을 뒤집어 케이크를 꺼냅니다. 남은 글레이즈를 윗면과 옆면에 골고루 바릅니다.

6. 오븐에 다시 넣고 글레이즈가 굳고 마를 정도까지만 5분 정도 굽습니다. 식힘망으로 옮겨 완전히 식힌 후 자르고 서빙합니다. (글레이즈를 바른 케이크는 밀폐용기에 담아 실온에서 3일까지 보관할 수 있습니다.)

Bourbon and Berry Brown-Sugar Cake

버번 베리 브라운슈거 케이크

8~10인분

황설탕과 버번의 만남이 이루어지면 풍부한 캐러멜 맛이 나고 보슬보슬한 크럼이 탄생하지요.
통통한 베리가 달콤함을 더하는 한편 (시큼한 맛을 내려면 새콤한 체리의 씨를 빼고 설탕 2스푼에 버무려 사용합니다)
곁들인 휘핑크림 한 덩이가 이 모든 맛을 감싸줍니다.

무염버터 1스틱(½컵): 실온 상태 + 팬에 바를 약간

무표백 중력분 1¾컵

베이킹파우더 1¾작은술

코셔 소금 ¾작은술

그래뉴당 ⅓컵

눌러 담은 황설탕 ⅔컵

큰 달걀 2개: 실온 상태

버번 위스키 4작은술: 메이커스 마크Maker's Mark 등

우유 ⅔컵: 실온 상태

라즈베리 1컵

블루베리 1컵

고운 샌딩슈거: 장식용

휘핑크림(242쪽 참고): 장식용

1. 오븐을 175℃로 예열합니다. 23㎝ 원형 케이크 팬에 버터를 바릅니다. 팬에 유산지를 깔고 유산지에 버터를 바릅니다. 중간 크기 볼에 밀가루, 베이킹파우더, 소금을 넣고 섞습니다.

2. 큰 볼에 버터와 두 가지 설탕을 넣고 전동 믹서 중속과 고속 사이에서 2~3분간 가볍고 크림화될 때까지 휘젓습니다. 달걀을 한 번에 하나씩 넣으며 잘 섞습니다. 버번을 넣고 섞습니다. 밀가루 혼합물을 세 덩이로 나누어 우유와 번갈아 넣는데 밀가루로 시작하고 끝을 맺습니다. 가볍게 섞어줍니다.

3. 반죽을 준비된 팬에 담고 오프셋 스패출러로 윗면을 매끄럽게 고릅니다. 두 가지 베리를 윗면에 올리고 몇 개는 반죽 속으로 눌러 넣습니다. 샌딩슈거를 넉넉히 뿌립니다. 가장자리가 팬에서 분리되기 시작하고 표면을 손가락으로 살짝 눌렀을 때 되돌아오는 정도까지 50분~1시간 동안 굽습니다. 팬을 식힘망으로 옮겨 20분 동안 식힙니다. 식힘망 위에 케이크를 조심스럽게 꺼내어(따뜻할 때에는 부스러지기 쉬워요) 약 1시간 정도 완전히 식힙니다. 휘핑크림과 함께 서빙합니다.

Marble Pound Cake

마블 파운드 케이크

8~10인분

다크초콜릿, 코코아, 버터 바닐라로 이루어진 3단 곡선형 파운드 케이크는 리버스 크림화 방식으로 만든 덕분에 매우 부드러워요. 리버스 크림화란 달걀을 넣기 전에 버터를 가루 재료와 섞는 것입니다. 케이크가 구워질 때 글루텐 형성이 억제되어 벨벳처럼 가볍고 폭신한 질감이 되지요.

무염버터 2스틱(1컵)과 2큰술: 잘게 자른 것, 실온 상태 + 팬에 바를 약간

큰 달걀 3개: 실온 상태, 휘저음

우유 ⅓컵: 실온 상태

바닐라 엑스트랙트 2작은술

설탕 1컵과 2큰술

무표백 중력분 1¾컵

베이킹파우더 1¼작은술

코셔 소금 1작은술

무가당 더치-프로세스 코코아가루 3큰술

세미스위트 초콜릿 113g: 녹였다가 식힌 것

1. 오븐을 163℃로 예열합니다. 23×13㎝ 크기의 로프 팬에 버터를 바릅니다. 중간 크기 볼에 달걀, 우유, 바닐라를 넣고 휘젓습니다. 큰 볼에 설탕, 밀가루, 베이킹파우더, 소금을 넣고 전동 믹서 저속에서 가볍게 섞습니다. 버터를 한 번에 한 조각씩 넣으면서 혼합물이 부슬부슬한 질감이 될 때까지 계속 저어줍니다. 우유 혼합물의 절반을 넣고 중속과 고속 사이에서 부풀어 오를 때까지 약 1분 동안 휘젓습니다. 남은 우유 혼합물을 넣고 약 30초 동안 잘 섞어줍니다.

2. 또 다른 큰 볼에 코코아 2큰술과 녹인 초콜릿을 섞습니다. 위의 반죽 1½컵을 넣고 젓습니다. 준비된 로프 팬에 스푼으로 떠서 담고 작은 오프셋 스패출러로 윗면을 평평하게 고릅니다. 같은 볼에 남은 코코아 1큰술과 위의 반죽 1½컵을 넣고 섞습니다. 다크초콜릿 층 위에 스푼으로 떠서 담고 윗면을 평평하게 고릅니다. 남은 플레인 반죽을 떠서 담고 윗면을 평평하게 고릅니다.

3. 표면을 손가락으로 살짝 눌렀을 때 되돌아오는 정도까지 또는 케이크 테스터로 가운데를 찔러보아 깨끗하게 나오는 정도까지 약 1시간 30분 동안 굽습니다(만약 윗면이 너무 빨리 갈색으로 변하면 포일을 덮어줍니다). 팬을 식힘망으로 옮겨 15분 동안 식힙니다. 식힘망 위에 케이크를 꺼낸 후 완전히 식힙니다. (바로 먹거나 슬라이스한 조각을 각각 랩으로 싸서 3개월까지 냉동보관합니다.)

Flourless Chocolate Date Cake

밀가루 없는 초콜릿 대추 케이크

10~12인분

케이크가 매혹적일 수 있다면 이 울트라리치 초콜릿 디저트가 바로 그럴 거예요. 어쩌면 그 이상일 수도 있어요. 달콤한 과즙으로 꽉 찬 통통한 메드줄 대추가 들어간 덕분이지요. 대추의 황제라고 불리는 이유가 다 있어요. 얇고 납작한 소금을 뿌린 따뜻한 캐러멜 글레이즈는 케이크 본연의 풍요로움에 달콤함까지 더해줍니다.

대추 퓨레

메드줄Medjool 대추 283g: 씨를 뺀 것

버번 위스키 ⅔컵

케이크

무염버터 1½스틱(¾컵): 실온 상태 + 팬에 바를 약간

무가당 더치-프로세스 코코아가루: 덧가루

비터스위트 초콜릿(카카오 함량 70%) 340g: 잘게 자른 것

큰 달걀 6개: 흰자와 노른자를 분리한 것, 실온 상태

코셔 소금 ¼작은술

계피가루 ½작은술

설탕 ¼컵

캐러멜

설탕 1컵

헤비크림 ⅓컵

장식

얇고 납작한 천일염 1작은술: 말돈 등

휘핑크림(242쪽 참고)

1. **대추 퓨레 만들기**: 작은 소스팬에 대추와 버번을 넣고 중약불에서 거의 졸아들 때까지 끓입니다. 불을 끈 후 뚜껑을 덮어 식힙니다. 푸드 프로세서로 갈아 부드러운 퓨레를 만듭니다. (1컵 정도 필요합니다.)

2. **케이크 만들기**: 오븐을 163℃로 예열합니다. 23㎝ 스프링폼 팬에 버터를 바릅니다. 팬 바닥에 유산지를 깔고 유산지에 버터를 바릅니다. 코코아 덧가루를 뿌리고 여분을 털어냅니다.

3. 내열용기에 녹인 버터와 초콜릿을 넣고 부드러운 상태가 될 때까지 저으면서 중탕합니다. 끓입니다. 불을 끕니다. 대추 퓨레 ⅔컵을 넣고 휘젓습니다. 식힌 후 달걀노른자, 코셔 소금, 계피를 넣고 젓습니다.

4. 전동 믹서에 달걀흰자를 넣고 부드러운 뿔이 형성될 때까지 중속과 고속 사이에서 약 2분 동안 휘젓습니다. 설탕을 천천히 넣으며 단단하고 윤이 나는 뿔이 형성될 때까지 휘젓습니다. 달걀흰자의 ⅓을 초콜릿 혼합물에 넣고 저은 다음 나머지 달걀흰자도 넣고 젓습니다. 반죽을 준비된 팬으로 옮기고 오프셋 스패출러로 윗면을 매끈하게 고릅니다. 단단해질 때까지(가장자리가 약간 금이 가고 가운데는 윤기가 나는 상태) 약 30분 동안 굽습니다. 팬을 식힘망으로 옮겨 완전히 식힙니다. 팬의 옆면을 과도로 한 바퀴 돌린 후 팬을 제거합니다.

5. **캐러멜 만들기**: 작은 소스팬에 설탕과 물 ¼컵을 넣고 섞습니다. 설탕이 녹을 때까지 중강불에서 저으면서 약 2분 동안 끓입니다. 진한 황갈색이 될 때까지 젓지 않고 10~11분 동안 끓입니다. 이때 팬을 돌려서 색이 균일하게 퍼지게 하고 물에 적신 붓으로 팬의 안쪽 벽을 쓸어내려 설탕이 결정화되는 것을 막습니다. 불을 끄고 크림을 조심스럽게 부으며(튈 수도 있어요) 잘 섞어줍니다. 남은 대추 퓨레 ⅓컵을 넣고 휘젓습니다. 캐러멜을 고운체에 걸러서 덩어리를 제거합니다. 걸쭉하지만 흘러내릴 정도가 될 때까지 약 30분 동안 식힙니다.

6. 캐러멜을 케이크 위에 붓고 오프셋 스패출러로 펼쳐 옆으로 흘러내리게 합니다. 얇고 납작한 소금을 뿌려 장식합니다. 칼을 달구어 쐐기 모양으로 자릅니다. 휘핑크림과 함께 서빙합니다.

Lemon Olive-Oil Cake

레몬 올리브-오일 케이크

10~12인분

올리브 오일이 케이크의 촉촉함을 더하고, 굽고 난 다음 날 풍미가 더 좋아지게 하는 역할을 합니다.
밝은 레몬이 우리를 햇살 좋은 지중해의 어느 한 바닷가로 데려다줄 거예요. 슈거파우더만 뿌린 플레인 맛으로 즐겨도 좋고,
저희가 한 것처럼 설탕에 재운 베리와 휘핑한 마스카르포네 크림을 곁들여도 좋아요.

케이크

버진 올리브 오일 ¾컵 + 팬에 바를 약간

무표백 중력분 1½컵

베이킹파우더 ½작은술

코셔 소금 1¼작은술

곱게 간 레몬제스트 2작은술과 신선한 레몬즙 3큰술

큰 달걀 5개: 흰자와 노른자를 분리한 것, 실온 상태

그래뉴당 ⅓컵과 ¾컵

슈거파우더: 체 친 것, 장식용

베리와 크림

신선한 베리 4컵: 라즈베리, 블루베리, 반 나눈(큰 것일 경우 4등분한) 딸기 등

그래뉴당 ¼컵

신선한 레몬즙 1큰술

헤비크림 2컵

마스카르포네 227g: 저어서 부드러운 상태

1. **케이크 만들기**: 오븐을 175℃로 예열합니다. 23㎝ 스프링폼 팬에 붓으로 올리브 오일을 바릅니다. 유산지를 둥글게 잘라 팬 바닥에 깔고 유산지에 버터를 바릅니다. 중간 크기 볼에 밀가루, 베이킹파우더, 소금, 레몬제스트를 넣고 섞습니다.

2. 큰 볼에 달걀흰자를 넣고 전동 믹서 중속과 저속 사이에서 거품이 날 때까지 젓습니다. 중속과 고속 사이로 높이고 그래뉴당 ⅓컵을 천천히 부으며 부드러운 뿔이 형성될 때까지 3~4분 동안 휘젓습니다. 또 다른 큰 볼에 달걀노른자와 남은 그래뉴당 ¾컵을 넣고 걸쭉하고 연한 미색에 부피가 3배 커질 때까지 중속과 고속 사이에서 2~3분 동안 휘젓습니다. 오일을 천천히 넣으며 섞고 레몬즙을 섞습니다(혼합물이 분리된 것처럼 보일 수 있어요). 밀가루 혼합물을 가볍게 섞습니다. 달걀노른자 혼합물에 달걀흰자 혼합물의 ⅓을 살포시 섞어 밝은 색을 만든 다음 나머지 달걀흰자 혼합물도 넣고 흰자 뭉치가 보이지 않을 정도까지만 가볍게 섞습니다(과도하게 젓지 마세요). 반죽을 준비된 팬에 골고루 나누어 담고 오프셋 스패출러로 윗면을 평평하게 고릅니다.

3. 케이크 윗면이 황갈색이 되고 표면을 살짝 눌렀을 때 되돌아오는 정도까지 45~55분 동안 굽습니다. 팬을 식힘망으로 옮겨 15분 동안 식힙니다. 케이크와 팬 사이에 칼을 넣고 한 바퀴 돌려 떼어냅니다. 팬 옆면을 제거하고 식힘망에서 완전히 식힙니다.

4. **베리와 크림 만들기**: 중간 크기 볼에 베리, 그래뉴당 2큰술, 레몬즙을 넣고 섞습니다. 최소 30분에서 최대 2시간까지 그대로 둡니다. 다른 중간 크기 볼에 크림을 넣고 부드럽고 걸쭉하지만 뿔은 형성되지 않을 정도까지만 전동 믹서를 돌립니다. 마스카르포네와 남은 그래뉴당 2큰술을 넣습니다. 부드러운 뿔이 형성될 때까지만 휘젓습니다.

5. 케이크 위에 슈거파우더를 넉넉히 뿌립니다. 설탕에 재운 베리와 휘핑한 마스카르포네 크림을 곁들여 냅니다. (케이크는 미리 만들어두고 밀폐용기에 담아 실온에서 최대 2일까지 보관할 수 있습니다.)

Plum Upside-Down Cake

플럼 업사이드-다운 케이크

8인분

이 케이크의 아름다움은 굽고 나서 뒤집었을 때 설탕에 졸인 과일이 예술적으로 만들어낸 모양에 있어요.
잘 익은 자두 슬라이스가 오븐 아래쪽에서 구워질 것이라서
동심원을 만들 때 가능한 한 많이 겹쳐서 배열합니다.

무염버터 1½스틱(¾컵): 실온 상태

눌러 담은 황설탕 ¾컵

자두 (크기에 따라) 5~7개: 반 잘라 씨를 뺀 것

그래뉴당 1컵

큰 달걀 2개: 흰자와 노른자를 분리한 것, 실온 상태

바닐라 엑스트랙트 1작은술

무표백 중력분 1½컵

베이킹파우더 2작은술

코셔 소금 1작은술

버터밀크 ½컵: 실온 상태

1. 오븐을 175℃로 예열합니다. 25㎝ 무쇠팬에 버터 4큰술과 황설탕을 넣고 약불에서 녹입니다. 부드러워질 때까지 포크로 섞습니다. 불을 끕니다.

2. 반 자른 자두의 잘린 면이 도마에 닿게 놓고 0.6㎝ 두께로 얇게 썹니다. 자두 슬라이스를 팬 가장자리에서 시작해서 가운데를 향해 동심원을 그리며 배열합니다. 껍질이 아래를 향해야 하고 서로 겹치도록 놓습니다.

3. 전동 믹서에 남은 버터 1스틱과 그래뉴당을 넣고 연한 미색으로 풍성해질 때까지 휘젓습니다. 작은 볼에 달걀노른자와 바닐라를 넣고 버터 혼합물을 넣고 젓습니다. 또 다른 작은 볼에 밀가루, 베이킹파우더, 소금을 넣고 섞습니다. 전동 믹서 저속에서 밀가루 혼합물을 버터밀크와 번갈아 넣는데 밀가루로 시작하고 끝을 맺습니다. 가볍게 섞습니다. 반죽을 넓은 볼에 옮겨 담습니다.

4. 깨끗한 상태의 전동 믹서에 달걀흰자를 넣고 부드러운 뿔이 형성될 때까지 약 2분 동안 휘젓습니다. 달걀흰자의 ⅓을 반죽에 넣고 젓습니다. 남은 달걀흰자를 넣으며 살살 젓습니다. 반죽을 자두 위에 붓고 오프셋 스패출러로 골고루 폅니다.

5. 윗면이 노릇노릇해지고 가운데를 살짝 눌러보아 되돌아오고 케이크 테스터를 찔러보아 깨끗하게 나오는 정도까지 50분~1시간 동안 굽습니다. 무쇠팬을 식힘망으로 옮겨 20분 동안 식힙니다. 접시에 케이크를 꺼내어 완전히 식힌 후 서빙합니다.

BAKING TIP
25㎝ 무쇠팬 대신 23㎝ 원형 케이크 팬을 사용해도 돼요.

Snickerdoodle Crumb Cake

스니커두들 크럼 케이크

20㎝ 정사각형 케이크 1개 분량

스니커두들의 상징인 계피-설탕 덕분에, 바삭하게 베어 문 한 입에 달콤함이 퍼집니다.
스트로이젤이 덮인 크럼 케이크로 아침식사로도 좋고 언제든 손을 뻗어 먹을 수 있는 간식으로도 좋아요.
팬트리에 늘 있는 흔한 재료로 만들기 때문에 문득 스니커두들이 생각날 때 뚝딱 만들 수 있습니다.

스트로이젤

무표백 중력분 ½컵

눌러 담은 황설탕 ½컵

코셔 소금 ½작은술

무염버터 4큰술: 조각낸 것, 차가운 상태

케이크

무염버터 1½스틱(¾컵): 녹였다 식힌 것 + 팬에 바를 약간

무표백 중력분 1½컵

베이킹소다 ¼작은술

타르타르 크림 ½작은술

코셔 소금 ½작은술

눌러 담은 황설탕 ½컵

그래뉴당 ½컵과 2큰술

큰 달걀 3개: 실온 상태

계피가루 1작은술

1. **스트로이젤 만들기**: 작은 볼에 밀가루, 황설탕, 소금을 넣고 섞습니다. 손이나 페이스트리 커터로 버터를 잘라 작은 크기에서 중간 크기까지의 덩이를 만듭니다. 냉장실에 넣어둡니다.

2. **케이크 만들기**: 오븐을 175℃로 예열합니다. 20㎝ 정사각형 베이킹 팬에 버터를 바릅니다. 팬에 유산지를 깔고 모서리 두 곳은 유산지를 5㎝ 정도 길게 빼서 팬 바깥으로 넘깁니다. 유산지에 버터를 바릅니다. 중간 크기 볼에 밀가루, 베이킹소다, 타르타르 크림, 소금을 넣고 섞습니다.

3. 큰 볼에 버터, 황설탕, 그래뉴당 ½컵, 달걀을 넣고 휘젓습니다. 밀가루 혼합물을 넣고 섞습니다. 이 반죽의 절반을 준비된 팬의 바닥에 담습니다. 작은 볼에 계피와 남은 그래뉴당 2큰술을 넣고 섞은 후 절반을 반죽 위에 뿌립니다. 남은 반죽을 한 덩이씩 떠서 올리고 오프셋 스패출러나 스푼 뒷면으로 펼칩니다. 스트로이젤을 골고루 올린 다음 남은 계피-설탕을 뿌립니다.

4. 윗면이 갈색으로 변하고 케이크 테스터로 가운데를 찔러보아 깨끗하게 나오는 정도까지 약 30~35분 동안 굽습니다. 팬을 식힘망으로 옮겨 완전히 식힙니다. 밖으로 빼낸 유산지를 잡고 케이크를 팬에서 들어올려 도마로 옮깁니다. 잘라서 서빙합니다. (밀폐용기에 담아 실온에서 3일까지 보관할 수 있습니다.)

No-Bake Key Lime Cheesecake

노-베이크 키 라임 치즈케이크

10~12인분

키 라임은 일반 라임보다 향과 맛이 진해요. 키 라임의 즙과 제스트를 푹신한 솜 같은 치즈케이크에 넣어 새콤함이 감돕니다. 키 라임이 없으면 일반 라임을 넣어도 상관없어요. 크러스트는 냉동실에 넣고 굳히기만 하면 되므로 오븐 작업이 필요 없고요. 여름에 만들기 좋은 디저트입니다.

그레이엄 크래커 가루 1컵: 9개를 잘게 부순 것

설탕 3큰술

코셔 소금 ½작은술

무염버터 5큰술: 녹여서 식힌 것

크림치즈 2팩(각 227g): 실온 상태

연유 1캔(397g)

키 라임 제스트 2작은술: 간 것

신선한 키 라임즙 ⅓컵(16개에서 추출)

바닐라 엑스트랙트 ½작은술

헤비크림 ½컵: 차가운 것

키 라임 슬라이스: 얇고 둥글납작하게 썬 것, 장식용

1. 중간 크기 볼에 부순 그레이엄 크래커, 설탕, 소금을 넣고 섞습니다. 버터를 넣고, 꽉 쥐었을 때 젖은 모래처럼 서로 붙어 있는 정도까지 섞습니다. 23㎝ 스프링폼 팬 바닥에 골고루 깔고 눌러 줍니다. 냉동실에 넣고 약 15분 동안 차갑게 굳힙니다.

2. 한편 전동 믹서에 크림치즈와 연유를 넣고 중속과 고속 사이에서 풍성해질 때까지 약 5분 동안 휘젓습니다. 라임 제스트와 즙, 바닐라를 넣고 1분 더 돌립니다.

3. 다른 볼에 크림을 넣고 단단한 뿔이 생기도록 휘젓습니다. 크림치즈 혼합물에 넣고 살포시 섞습니다. 차가워진 크러스트 위에 붓고 오프셋 스패출러로 윗면을 평평하게 고릅니다. 랩을 씌우고 냉장실에 최소 12시간에서 최대 3일까지 넣어둡니다.

4. 케이크 옆면을 칼로 한 바퀴 돌린 다음 팬의 옆면을 분리한 후 팬 바닥도 분리합니다. 둥글게 자른 라임 슬라이스로 장식하고 서빙합니다.

BAKING TIP
크러스트를 접시에 깔
때 계량컵 바닥으로
꾹꾹 눌러줍니다.

PB&J Cheesecake

PB & J 치즈케이크

5㎝ 정사각형 24개 분량

샌드위치의 오랜 짝꿍인 피넛버터와 젤리가 달고 짭조름한 케이크에도 찾아왔어요. 이미 오돌토돌한 그레이엄 크래커에 땅콩까지 들어가 오도독 씹히는 식감이 강해졌으며, 이것이 보드라운 피넛버터-크림치즈 필링과 대비를 이룹니다. 토핑으로 저희는 콩코드 포도 젤리를 발랐는데, 여러분이 좋아하는 것을 골라 바르면 됩니다.

무염버터 6큰술: 녹인 것 + 팬에 바를 약간

그레이엄 크래커 시트 14개(각각 7.5×13㎝): 조각낸 것

무염 볶은 땅콩 ⅔컵

눌러 담은 황설탕 ⅓컵

코셔 소금 1작은술

크림치즈 4팩(각 227g): 실온 상태

피넛버터 1컵: 크림 같은 질감

그래뉴당 1컵

큰 달걀 4개: 실온 상태

바닐라 엑스트랙트 1작은술

콩코드 포도 젤리 1컵

1. 오븐을 175℃로 예열합니다. 23×33㎝ 베이킹 접시에 붓으로 버터를 바릅니다.

2. 그레이엄 크래커를 푸드 프로세서에 넣고 곱게 갑니다. 녹인 버터, 땅콩, 황설탕, 소금 ½작은술을 넣습니다. 땅콩이 갈리고 혼합물이 젖은 모래처럼 될 때까지 펄스 기능으로 섞습니다. 준비된 베이킹 접시의 바닥과 옆면의 4분의 3 높이까지 고르게 꾹꾹 눌러 담습니다. 반죽이 굳고 색이 약간 진해질 때까지 12~15분 동안 굽습니다. 접시를 식힘망으로 옮겨 완전히 식힙니다.

3. 오븐을 163℃로 낮춥니다. 전동 믹서에 크림치즈와 피넛버터를 넣고 중속에서 부드러워질 때까지 휘젓습니다. 그래뉴당을 천천히 넣고 가볍고 폭신해질 때까지 옆면을 긁어내려주며 휘젓습니다. 남은 소금 ½작은술을 섞습니다. 달걀을 한 번에 하나씩 넣으며 잘 저어줍니다. 바닐라를 넣고 부드러워질 때까지 젓습니다. 필링을 구운 크러스트 위에 부은 다음 작은 오프셋 스패출러로 윗면을 매끈하게 고릅니다. 부풀어 오르고 가장자리가 굳어가지만 가운데는 여전히 살짝 흔들리는 정도까지 40~45분 동안 굽습니다. 접시를 식힘망으로 옮겨 완전히 식힙니다.

4. 소스팬에 젤리를 넣고 중불에서 저어가며 녹입니다. 케이크 위에 골고루 붓고 접시를 기울여 가장자리까지 얇고 평평하게 퍼뜨립니다. 젤리가 단단하게 굳을 때까지 최소 4시간에서 최대 3일까지 냉장실에 넣어둡니다. 서빙 전 케이크를 정사각형으로 자릅니다. 자를 때마다 칼을 닦아주면 모서리가 깔끔하게 잘립니다.

4

Sheet Cakes

시트 케이크

들고 가기에 무리하지 않고, 잘라서 먹기 쉬운데다가, 맛없어 낭패 볼 일이 없어요.
많은 사람들이 함께 나누어 먹는 음식이나 파티를 준비할 때
이들 멋진 단층 케이크를 떠올려보세요.

Flourless Chocolate-Almond Sheet Cake

밀가루 없는 초콜릿-아몬드 시트 케이크

12~16인분

초콜릿 케이크에 들어가는 중력분을 아몬드가루로 간단히 바꾸는 것만으로 글루텐 없는 케이크를 만들 수 있답니다. 고소한 맛과 자꾸 손이 가는 크림은 덤이고요. 굽는 동안 케이크 표면이 갈라지더라도 걱정하지 마세요. 초콜릿 크렘 프레슈 프로스팅이 감쪽같이 없애줄 테니까요.

케이크

무염버터 1½스틱(¾컵): 실온 상태 + 팬에 바를 약간

그래뉴당 1½컵

큰 달걀 9개: 흰자와 노른자 분리한 것, 실온 상태

비터스위트 초콜릿(카카오 함량 70%) 255g: 녹였다가 살짝 식힌 것

바닐라 엑스트랙트 1큰술

아몬드가루 또는 굽지 않은 통아몬드 곱게 간 것 2¼컵

코셔 소금 1¼작은술

잘게 다진 아몬드: 장식용(선택)

프로스팅

크림치즈 340g: 실온 상태

무염버터 1½스틱(¾컵): 실온 상태

슈거파우더 4½컵: 체 친 것

무가당 더치-프로세스 코코아가루 ½컵

코셔 소금 ¼작은술

비터스위트 초콜릿(카카오 함량 70%) 0.5kg과 56g: 녹였다가 살짝 식힌 것

크렘 프레슈 또는 사워크림 1½컵

1. **케이크 만들기**: 오븐을 175℃로 예열합니다. 23×33㎝ 베이킹 팬에 버터를 바릅니다. 큰 볼에 버터와 그래뉴당 1컵을 담고 중속과 고속 사이에서 연한 미색으로 풍성해질 때까지 2~3분 동안 휘젓습니다. 달걀노른자를 한 번에 하나씩 넣으며 휘젓습니다. 초콜릿과 바닐라를 넣고 젓습니다. 아몬드가루와 소금을 넣고 골고루 섞습니다.

2. 전동 믹서에 거품기를 끼웁니다. 큰 볼에 달걀흰자를 넣고 저속에서 거품이 날 때까지 젓습니다. 중속과 고속 사이로 높이고 부드러운 뿔이 형성될 때까지 약 1분 동안 젓습니다. 남은 그래뉴당 ½컵을 천천히 부으며 단단하고 윤이 나는 뿔이 형성될 때까지 1분 더 젓습니다. 달걀흰자 혼합물의 ⅓을 반죽에 넣고 흰자 덩어리가 보이지 않을 때까지 젓습니다. 고무 스패출러로 남은 흰자 혼합물을 살포시 넣고 가볍게 저어줍니다(과도하게 젓지 마세요).

3. 반죽을 준비된 팬에 담고 오프셋 스패출러로 윗면을 평평하게 고릅니다. 가장자리가 굳어가지만 가운데는 여전히 살짝 흔들리는 정도까지 35~40분 동안 굽습니다. 고르게 구워지도록 중간에 팬을 앞뒤로 한 번 돌립니다. 팬을 식힘망으로 옮겨 완전히 식힙니다.

4. **프로스팅 만들기**: 큰 볼에 크림치즈와 버터를 넣고 전동 믹서 중속에서 연한 미색으로 풍성해질 때까지 약 3분 동안 휘젓습니다. 중간 크기 볼에 슈거파우더, 코코아, 소금을 넣고 체 친 다음 크림치즈 혼합물에 천천히 넣으며 섞습니다. 녹인 초콜릿을 천천히 일정한 흐름으로 넣으면서 계속 젓습니다. 이 크렘 프레슈를 잘 섞습니다. (충분히 단단하지 않다면 냉장실에 10분 동안 넣었다가 사용 전 저어줍니다.)

5. 오프셋 스패출러로 케이크 윗면에 프로스팅을 골고루 펴 바릅니다. 선택사항으로 너트를 케이크 절반 위에 뿌립니다. 케이크를 정사각형으로 자르고 즉시 서빙합니다. (케이크는 랩으로 싸서 3일까지 냉장보관할 수 있습니다. 서빙 전 실온으로 꺼냅니다.)

SERVING TIP
잘게 다진 너트를 절반의
케이크에만 뿌립니다.
정사각형으로 자른 후 사진과
같이 번갈아 배열해보세요.

Chocolate Cake with Swiss Meringue Buttercream

스위스 머랭 버터크림 초콜릿 케이크

12~16인분

많은 사람들이 함께 나눌 파티 케이크로 진한 다크초콜릿 맛에 초콜릿 컬이 올려진 케이크를 준비해보세요. 초콜릿가루를 뿌린 것과는 다른 고급스러움이 흐른답니다. 초콜릿 컬은 세미초콜릿 바를 전자레인지에 몇 초만 살짝 돌려 부드럽게 한 다음, 케이크 바로 위에서 감자칼로 깎아 떨어뜨리면 됩니다.

무염버터 1½스틱(¾컵): 실온 상태 + 팬에 바를 약간

끓는 물 ½컵

천연 코코아가루 ⅓컵

세미스위트 초콜릿 85g: 잘게 자른 것(½컵)

무표백 중력분 2컵

베이킹파우더 1작은술

베이킹소다 ½작은술

코셔 소금 1작은술

설탕 1½컵

큰 달걀 2개: 실온 상태

바닐라 엑스트랙트 2작은술

사워크림 1컵

스위스 머랭 버터크림 3컵(237쪽 참고)

초콜릿 컬: 장식용

1. 오븐을 175℃로 예열합니다. 23×33㎝ 베이킹 팬에 버터를 바릅니다. 팬에 유산지를 깔고 유산지에 버터를 바릅니다. 중간 크기 볼에 끓는 물, 코코아, 초콜릿을 넣고 섞습니다. 10분 동안 식힙니다. 한편 다른 중간 크기 볼에 밀가루, 베이킹파우더, 베이킹소다, 소금을 넣고 섞습니다.

2. 큰 볼에 버터와 설탕을 넣고 전동 믹서 중속과 고속 사이에서 폭신해질 때까지 2~3분 동안 휘젓습니다. 달걀을 한 번에 하나씩 넣고 필요에 따라 볼의 옆면을 긁어내리며 잘 저어줍니다. 바닐라와 초콜릿 혼합물을 차례로 추가합니다. 믹서를 저속으로 낮추고 밀가루 혼합물을 두 번으로 나누어 사워크림과 번갈아 넣으면서 가볍게 섞습니다. 반죽을 준비된 팬에 골고루 나누어 담고 오프셋 스패출러로 윗면을 평평하게 고릅니다.

3. 케이크 테스터로 가운데를 찔러보아 촉촉한 부스러기가 조금 묻어나오는 정도까지 35~40분 동안 굽습니다(표면을 살짝 눌렀을 때 되돌아오지 않을 거예요). 팬을 식힘망으로 옮겨 10분 동안 식힙니다. 식힘망 위에 케이크를 뒤집어 꺼낸 후 유산지를 제거합니다. 완전히 식힙니다. (케이크는 하루 전에 미리 만들고 랩으로 싸서 실온에 3일까지 놓아둘 수 있습니다.)

4. 버터크림을 오프셋 스패출러로 케이크 윗면과 옆면에 골고루 펴 바릅니다. 초콜릿 컬을 올립니다. (케이크는 랩으로 싸서 3일까지 냉장보관할 수 있습니다. 서빙 전 실온에 꺼내둡니다.)

Strawberry Biscuit Sheet Cake

딸기 비스킷 시트 케이크

12인분

이 디저트는 화려하고 멋진데다 실용적이기까지 합니다. 하나의 커다란 직사각형이 아름다움을 한껏 드러냄과 동시에 먹기 편리하게 분리되기 때문이지요. 토핑으로는 여러분이 좋아하는 과일을 선택하세요. 저희는 전통 방식대로 달콤한 딸기를 선택했어요. 복숭아나 천도복숭아를 올린 것도 얼른 보고 싶네요.

비스킷 시트 케이크

박력분(셀프라이징 아닌 것) 4컵 + 팬에 뿌릴 덧가루

그래뉴당 ⅔컵

베이킹파우더 5작은술

코셔 소금 2작은술

무염버터 1½스틱(¾컵): 차가운 상태, 잘게 자른 것

버터밀크 1¼컵

헤비크림: 붓으로 바를 용도

고운 샌딩슈거: 장식용(선택)

베리와 크림

딸기 슬라이스 4컵(1.9ℓ 통에 든 것에서 자름)

그래뉴당 5큰술

코셔 소금 ¼작은술

신선한 레몬즙 2작은술

헤비크림 1¼컵

바닐라빈 1개: 길게 갈라 긁어낸 씨

슈거파우더 3큰술: 체 친 것

동결건조 딸기: 곱게 간 것, 장식용(선택)

1. **케이크 만들기**: 오븐을 232℃로 예열합니다. 중간 크기 볼에 밀가루, 그래뉴당, 베이킹파우더, 소금을 넣고 섞습니다. 버터를 페이스트리 커터나 손가락으로 굵게 자릅니다. 버터밀크를 넣고 가볍게 섞습니다.

2. 조리대에 밀가루를 살살 뿌리고 반죽을 한두 번 치대어 뭉칩니다. 25×17㎝ 길이에 2㎝ 두께인 직사각형으로 성형합니다. 세로로 3등분하고 가로로 4등분하여 총 12개의 동일한 조각을 만듭니다. 스패출러로 떠서 24×32㎝ 크기의 테두리가 있는 베이킹시트나 다른 팬으로 옮깁니다. 조각들을 원래의 직사각형이 되도록 다시 배열하되 서로 1.3㎝ 간격을 둡니다.

3. 윗면에 크림을 바르고 선택사항인 샌딩슈거를 넉넉히 뿌립니다. 황갈색으로 변하고 완전히 익을 때까지 25~28분 동안 굽습니다. 고르게 구워지도록 중간에 베이킹시트를 앞뒤로 돌립니다. (틈이 메워져서 커다란 한 판처럼 보여야 해요. 하지만 하나씩 쉽게 분리되지요.) 베이킹시트를 식힘망으로 옮겨 10분 동안 식힙니다. 큰 스패출러 두 개로 비스킷을 통째로 들어올려 식힘망 위에 조심스레 놓습니다. 완전히 식은 것은 아니고 거의 식은 상태가 될 때까지 약 1시간 동안 놓아둡니다.

4. **베리와 크림 만들기**: 중간 크기 볼에 딸기, 그래뉴당, 소금, 레몬즙을 넣고 섞습니다. 즙이 우러날 때까지 이따금씩 저으며 30분 동안 놓아둡니다. 전동 믹서에 크림, 바닐라 씨, 슈거파우더를 넣고 중속과 고속 사이에서 단단한 뿔이 형성될 때까지 휘젓습니다.

5. 비스킷 전체를 미끄러뜨리듯 조심스럽게 접시로 옮깁니다. 휘핑크림 2컵을 스푼으로 떠서 비스킷 위에 바릅니다. 베리 혼합물 3컵을 얹고 약간의 즙을 뿌립니다. 선택사항으로 베리가루를 뿌립니다. 남은 휘핑크림과 베리를 곁들여 즉시 서빙합니다.

Cuatro Leches Cake

콰트로 레체스 케이크

12~16인분

세 가지 우유로 만든 기존의 트레스 레체스 케이크에다 한 가지를 더 추가해요. 전통적인 방식대로 우유, 가당연유 및 무가당연유를 넣어 가볍고 폭신한 스펀지 케이크의 성질을 유지시키고, 반죽에 밀크파우더를 추가하여 부드러움을 극대화시킵니다. 모든 우유가 충분히 스며들도록 하루 전에 미리 만드는 것이 좋아요.

무염버터: 팬에 바를 용도

박력분(셀프라이징 아닌 것) 1¼컵

무지방 밀크파우더 ¼컵

설탕 1컵

베이킹파우더 2작은술

코셔 소금 ½작은술

우유 1½컵

홍화씨 오일 ⅓컵

큰 달걀 5개의 노른자 +
큰 달걀 6개의 흰자

바닐라빈 1개: 길게 갈라 긁어낸 씨

타르타르 크림 ¼작은술

가당연유 1캔(397g)

무가당연유 1캔(340g)

휘핑크림(242쪽 참고)

얇게 썬 과일 슬라이스: 망고나 파인애플 등, 장식용

1. 오븐을 163℃로 예열합니다. 23×33㎝ 베이킹 팬에 버터를 바릅니다. 중간 크기 볼에 밀가루, 밀크파우더, 설탕 ½컵, 베이킹파우더, 소금을 넣고 섞습니다. 다른 중간 크기 볼에 우유 ½컵, 오일, 달걀노른자, 바닐라 씨를 넣고 젓습니다. 달걀노른자 혼합물을 밀가루 혼합물에 넣고 골고루 섞습니다.

2. 전동 믹서에 달걀흰자를 넣고 고속에서 거품이 생길 때까지 휘젓습니다. 타르타르 크림을 넣으며 부드러운 뿔이 형성될 때까지 약 2분 동안 휘젓습니다. 남은 설탕 ½컵을 천천히 넣으며 단단하고 윤이 나는 뿔이 형성될 때까지 약 5분 동안 휘젓습니다. 고무 스패출러로 달걀흰자 혼합물의 ⅓을 반죽에 넣고 섞습니다. 나머지 달걀흰자 혼합물을 넣고 부드럽게 완전히 섞습니다. 반죽을 준비된 팬에 골고루 나누어 담고 오프셋 스패출러로 윗면을 평평하게 고릅니다. 표면을 살짝 눌렀을 때 되돌아오는 정도까지 약 40분 동안 굽습니다. 고르게 구워지도록 중간에 팬을 앞뒤로 한 번 돌립니다.

3. 중간 크기 볼에 연유, 무가당연유, 남은 우유 1컵을 넣고 휘젓습니다. 케이크가 따뜻할 때 나무 꼬치나 이쑤시개로 구석구석 찌르고 우유 혼합물을 붓습니다. 실온에서 약 1시간 동안 식힙니다. 케이크를 싸고 냉장실에서 최소 2시간에서 최대 2일까지 보관합니다. 휘핑크림과 얇게 썬 과일 슬라이스를 곁들여 서빙합니다.

Ombré Sheet Cake

옴브레 시트 케이크

12~16인분

바닐라 케이크 위에 석양이 내려앉았네요. 여기저기에서 손님들의 감탄사가 들리는 듯해요.
이 케이크에는 소프트 파스텔 색상의 버터크림을 마치 물감처럼 섞어서 칠했어요. 노란색과 분홍색 식물성 색소는 모두 천연재료이므로 안심하고 사용해도 됩니다.

무염버터 1스틱(½컵)과 1큰술: 실온 상태 + 팬에 바를 약간

무표백 중력분 2¼컵 + 팬에 뿌릴 덧가루

베이킹파우더 1½작은술

베이킹소다 ½작은술

코셔 소금 ¾작은술

설탕 1컵

큰 달걀 3개: 실온 상태

바닐라 엑스트랙트 1작은술

버터밀크 1컵: 실온 상태

바닐라 버터크림(239쪽 참고)

천연 식용 색소: 베리, 선플라워

1. 오븐을 175℃로 예열합니다. 23×33㎝ 베이킹 팬에 버터를 바릅니다. 덧가루를 뿌리고 여분을 털어냅니다. 중간 크기 볼에 밀가루, 베이킹파우더, 베이킹소다, 소금을 넣고 섞습니다.

2. 전동 믹서에 버터와 설탕을 넣고 중속에서 연한 미색으로 풍성해질 때까지 약 5분 동안 휘젓습니다. 달걀을 한 번에 하나씩 넣고 필요에 따라 볼의 옆면을 긁어내리며 잘 저어줍니다. 바닐라를 넣고 섞습니다. 믹서를 저속으로 낮추고 밀가루 혼합물을 두 번으로 나누어 버터밀크와 번갈아 넣는데 밀가루로 시작하고 끝을 맺습니다.

3. 반죽을 준비된 팬에 골고루 나누어 담고 오프셋 스패출러로 윗면을 평평하게 고릅니다. 케이크가 노릇노릇하게 부풀어 오르고 케이크 테스터로 가운데를 찔러보아 깨끗하게 나오는 정도까지 22~25분 동안 굽습니다. 고르게 구워지도록 중간에 팬을 앞뒤로 돌립니다. 팬을 식힘망으로 옮겨 30분 동안 식힙니다. 식힘망 위에 케이크를 꺼낸 후 완전히 식힙니다.

4. 오프셋 스패출러로 버터크림 2½컵을 케이크 위에 펴 바릅니다. 남은 버터크림을 4개의 작은 볼에 나눕니다(각 ⅓컵씩). 식용 색소를 넣어 노란색, 복숭아색, 그리고 두 가지 분홍색을 만듭니다. 색소가 완전히 흡수되도록 10분 동안 그대로 둡니다,

5. 프로스팅을 짤주머니에 담습니다(깍지는 필요 없음). 케이크 윗면에 각각의 색을 원하는 순서대로 가로로 길게 짭니다. (저희는 석양을 표현하기 위해 밝은 색에서 어두운 색 순서로 짰습니다.) 큰 오프셋 스패출러나 벤치 스크래퍼를 케이크 끝에서 끝까지 가볍게 끌며 색이 섞이도록 퍼트립니다. 원하는 디자인을 생각하며 프로스팅을 추가합니다. 색을 바꿀 때에는 스패출러나 벤치 스크래퍼를 완전히 닦아줍니다. (짤주머니를 사용하지 않고 보다 더 추상적으로 디자인하는 방법도 있습니다. 프로스팅을 작은 오프셋 스패출러로 케이크 위에 몇 덩이 산발적으로 떨어뜨리고 위와 같은 방법으로 퍼트리며 바릅니다. 흰 공간이 많을수록 더 밝은 느낌이 나고 흰 공간이 적을수록 색이 풍부해집니다.)

Vanilla Sheet Cake with Citrus Cream Cheese Frosting

시트러스 크림치즈 프로스팅 바닐라 시트 케이크

12~16인분

봄철의 베이크 세일, 피크닉 또는 디너파티에 이 케이크를 들고 들어서는 순간 여러분은 주인공이 될 거예요. 만드는 방법도 얼마나 간단한지, 바닐라 케이크에 시트러스 크림치즈 프로스팅을 넉넉히 발라 부드럽게 만들어주면 되니 애정이 가지 않을 수가 없지요. 마지막 장식으로 레몬과 라임 슬라이스를 올려봤는데 신선한 베리도 무척 잘 어울릴 겁니다.

무염버터 1스틱(½컵)과 1큰술: 실온 상태 + 팬에 바를 약간

무표백 중력분 2¼컵 + 팬에 뿌릴 덧가루

베이킹파우더 1½작은술

베이킹소다 ½작은술

코셔 소금 ¾작은술

설탕 1컵

큰 달걀 3개: 실온 상태

바닐라 엑스트랙트 1작은술

곱게 간 레몬제스트 ¼작은술

버터밀크 1컵: 실온 상태

시트러스 크림치즈 프로스팅(240쪽 참고)

시트러스 슬라이스: 4등분한 조각, 장식용(선택)

1. 오븐을 175℃로 예열합니다. 23×33㎝ 베이킹 팬에 버터를 약간 바릅니다. 덧가루를 뿌리고 여분을 털어냅니다. 중간 크기 볼에 밀가루, 베이킹파우더, 베이킹소다, 소금을 넣고 섞습니다.

2. 다른 중간 크기 볼에 버터와 설탕을 넣고 전동 믹서 중속에서 연한 미색으로 풍성해질 때까지 약 5분 동안 휘젓습니다. 달걀을 한 번에 하나씩 넣고 필요에 따라 볼의 옆면을 긁어내리며 잘 저어줍니다. 바닐라와 레몬제스트를 넣고 저어줍니다. 믹서를 저속으로 낮추고 밀가루 혼합물을 두 번으로 나누어 버터밀크와 번갈아 넣는데 밀가루로 시작하고 끝을 맺습니다. 필요에 따라 볼의 옆면을 긁어내리며 잘 저어줍니다.

3. 반죽을 준비된 팬에 골고루 나누어 담고 오프셋 스패출러로 윗면을 평평하게 고릅니다. 케이크가 노릇노릇하게 부풀어 오르고 케이크 테스터로 가운데를 찔러보아 깨끗하게 나오는 정도까지 22~25분 동안 굽습니다. 고르게 구워지도록 중간에 팬을 앞뒤로 돌립니다. 팬을 식힘망으로 옮겨 완전히 식힙니다.

4. 오프셋 스패출러로 프로스팅을 케이크 위에 골고루 펴 바릅니다. 케이크를 자릅니다. 선택사항으로 레몬 및 라임 슬라이스로 장식하고 서빙합니다.

Chocolate Zucchini Cake

초콜릿 주키니 케이크

10~12인분

두 가지 초콜릿을 넣고 새콤한 크림치즈 프로스팅을 바른 케이크에 흔하게 구할 수 있는 채소, 주키니를 넣어보세요.
절묘한 맛 차이와 함께 촉촉함이 더해질 거예요. 미리 구워놓아도 상관없습니다. 여기에 한 가지 비법이
더 있다면 주키니 꽃을 설탕에 굴려 올리는 것입니다.

케이크

무염버터 1스틱(½컵) + 팬에 바를 약간

무표백 중력분 1¾컵

무가당 더치-프로세스 코코아가루 ½컵

설탕 1¾컵

베이킹파우더 1½작은술

베이킹소다 ¼작은술

코셔 소금 1작은술

큰 달걀 4개: 실온 상태

바닐라 엑스트랙트 2작은술

중간 크기 주키니 2개를 간 것(4컵): 꽉 짜서 물기를 뺌

세미스위트 초콜릿 142g: 잘게 자른 것(1컵)

크림치즈 프로스팅(240쪽 참고)

설탕을 입힌 주키니 꽃

주키니 꽃 56g(약 8송이)

홍화씨 오일 ½작은술

설탕 1큰술

1. **케이크 만들기**: 오븐을 175℃로 예열합니다. 25×38㎝ 젤리 롤 팬에 버터를 바릅니다. 유산지를 깔고 모서리 두 곳의 유산지를 5㎝ 정도 길게 빼서 팬 바깥으로 넘깁니다. 유산지에 버터를 바릅니다.

2. 큰 볼에 밀가루, 코코아, 설탕, 베이킹파우더, 베이킹소다, 소금을 넣고 섞습니다. 중간 크기 볼에 달걀, 버터, 바닐라를 넣고 휘젓습니다. 달걀 혼합물을 밀가루 혼합물에 넣고 약 1분 동안 날가루가 보이지 않을 정도로만 가볍게 젓습니다. 주키니와 초콜릿을 넣고 섞습니다(상당히 되직한 반죽이 될 거예요). 반죽을 준비된 팬에 골고루 나누어 담고 오프셋 스패출러로 윗면을 평평하게 고릅니다. 케이크 테스터로 가운데를 찔러보아 깨끗하게 나오는 정도까지 28~30분 동안 굽습니다. 고르게 구워지도록 중간에 팬을 앞뒤로 돌립니다. 팬을 식힘망으로 옮겨 식힙니다. 밖으로 빼낸 유산지를 잡고 케이크를 꺼내어 식힘망으로 옮겨 완전히 식힙니다.

3. **주키니 꽃에 설탕 묻히기**: 오븐 온도를 135℃로 낮춥니다. 테두리가 있는 베이킹시트에 논스틱 베이킹매트나 유산지를 깝니다. 꽃을 세로로 자르고 수술을 제거합니다. 중간 크기 볼에 오일과 설탕을 넣고 꽃을 아주 부드럽게 버무린 후 준비된 시트에 놓고 10분 동안 굽습니다. 오프셋 스패출러로 꽃을 살포시 뒤집어 5분 더 구운 후 다시 뒤집습니다. 타지 않도록 자주 확인하며, 만졌을 때 건조함이 느껴질 때까지 20분 동안 반복합니다. 베이킹시트를 식힘망으로 옮겨 완전히 식힙니다. (밀폐용기에 담아 서늘하고 건조한 곳에서 3일 동안 보관할 수 있습니다. 사용 전에 135℃ 오븐에서 다시 바삭하게 굽습니다.)

4. 오프셋 스패출러로 프로스팅을 케이크 위에 골고루 펴 바릅니다. 주키니 꽃을 올려 장식하고 서빙합니다. (케이크는 꽃을 올리지 않은 상태에서 8시간까지 냉장보관할 수 있습니다.)

Semolina Coconut Cake

세몰리나 코코넛 케이크

12인분

중동의 특색을 풍기는 이 케이크는 굵은 입자와 황금빛 색 때문에 옥수수가루로 구웠다고 생각할 수 있어요.
하지만 사실 옥수수가루가 아니라 파스타에 자주 사용하는, 영양이 풍부한 세몰리나입니다. 달지 않은 담백한 케이크인데
코코넛과 피스타치오를 넣어 색다른 식감과 맛으로 즐길 수 있답니다.

시럽

설탕 2컵

사프란 약간

신선한 레몬즙 2큰술

케이크

무염버터: 팬에 바를 약간

사프란 약간

우유 1¼컵: 따뜻한 것

무가당 코코넛 채 2컵: 말린 것

세몰리나 1½컵

베이킹파우더 1½작은술

코셔 소금 ½작은술

큰 달걀 2개: 실온 상태

설탕 ½컵

홍화씨 오일 ½컵

플레인 홀밀크 요거트 1컵

피스타치오 ¼컵: 잘게 다진 것

1. **시럽 만들기**: 작은 소스팬에 설탕, 사프란, 레몬즙, 물 ½컵을 넣고 끓입니다. 끓어오르면 불을 줄이고 계속 저으면서 설탕이 녹을 때까지 약 2분 동안 뭉근히 끓입니다.

2. **케이크 만들기**: 오븐을 175℃로 예열합니다. 23×33㎝ 베이킹 팬에 버터를 바릅니다. 유산지를 깔고 모서리 네 곳의 유산지를 5㎝ 정도 길게 빼서 팬 바깥으로 넘깁니다.

3. 작은 볼에 사프란을 담고 우유를 부어 5분 동안 흡수시킵니다. 큰 볼에 코코넛, 세몰리나, 베이킹파우더, 소금을 넣고 섞습니다. 다른 큰 볼에 달걀, 설탕, 오일을 넣고 연한 미색으로 풍성해질 때까지 휘젓습니다. 우유 혼합물과 요거트를 넣고 젓습니다. 코코넛 혼합물을 넣고 잘 섞어줍니다.

4. 반죽을 준비된 팬에 골고루 나누어 담고 오프셋 스패출러로 윗면을 평평하게 고릅니다. 케이크가 황갈색이 되고 가운데를 살짝 눌렀을 때 되돌아오는 정도까지 약 1시간 동안 굽습니다. 고르게 구워지도록 중간에 팬을 앞뒤로 돌립니다.

5. 팬을 식힘망으로 옮깁니다. 시럽을 따뜻한 케이크 위에 붓고 피스타치오를 뿌립니다. 팬을 식힘망 위에 놓고 완전히 식힙니다. 밖으로 빼낸 유산지를 잡고 케이크를 팬에서 들어올려 도마로 옮깁니다. 빵칼로 삼각형으로 잘라 서빙합니다.

Confetti Cake with Vanilla Frosting

바닐라 프로스팅 콘페티 케이크

16인분

축제 케이크에 홈메이드 스프링클이 가세하면 아이들 파티가 완전히 새로워져요. 만드는 방법이 무척 쉽고 맛도 좋기 때문에 케이크 반죽에 스프링클을 ⅓컵만 넣어도 차이가 커집니다. 여기에 일부 스프링클을 길게 잘라서 얹으면 그 은은하고 아름다운 색이 케이크의 매력을 더해줄 겁니다.

케이크

무염버터 2스틱(1컵): 실온 상태, 스푼으로 자른 것 + 팬에 바를 약간

무표백 중력분 3컵 + 팬에 뿌릴 덧가루

우유 1¼컵

큰 달걀 4개: 실온 상태

바닐라 엑스트랙트 2작은술

설탕 1¾컵

베이킹파우더 1큰술

코셔 소금 1작은술

홈메이드 스프링클(244쪽 참고) ⅓컵 가득 + 장식용으로 쓸 긴 조각

프로스팅

무표백 중력분 ¼컵

우유 1컵

바닐라 엑스트랙트 1작은술

코셔 소금 한 꼬집

무염버터 2스틱(1컵): 실온 상태

설탕 1컵

1. **케이크 만들기**: 오븐을 175℃로 예열합니다. 23×33㎝ 베이킹 팬에 버터를 바릅니다. 유산지를 깔고 긴 모서리 두 곳의 유산지를 5㎝ 정도 길게 빼서 팬 바깥으로 넘깁니다. 유산지에 버터를 바릅니다. 덧가루를 뿌리고 여분을 털어냅니다. 중간 크기 볼에 우유, 달걀, 바닐라를 넣고 휘젓습니다.

2. 전동 믹서에 밀가루, 설탕, 베이킹파우더, 소금을 넣고 저속에서 약 1분 동안 골고루 섞습니다. 버터를 조금씩 넣으면서 혼합물이 부슬부슬한 질감이 될 때까지 약 3분 동안 계속 저어줍니다. 믹서를 중속으로 올리고 우유 혼합물의 절반을 천천히 넣으며 풍성해질 때까지 약 1분 동안 휘젓습니다. 나머지 우유 혼합물을 천천히 넣고 필요에 따라 볼의 옆면을 긁어내려줍니다. 30초 더 돌려 골고루 섞어줍니다.

3. 스패출러로 스프링클을 넣습니다. 반죽을 준비된 팬에 골고루 나누어 담고 조리대에 탁 내려칩니다. 황갈색이 되고 케이크 테스터로 가운데를 찔러보아 깨끗하게 나오는 정도까지 30~35분 동안 굽습니다. 고르게 구워지도록 중간에 팬을 앞뒤로 돌립니다. 팬을 식힘망으로 옮겨 완전히 식힙니다. 밖으로 빼낸 유산지를 잡고 케이크를 들어올려 케이크 접시로 옮깁니다.

4. **프로스팅 만들기**: 작은 소스팬에 밀가루와 우유를 넣고 부드러워질 때까지 젓습니다. 되직하고 푸딩처럼 될 때까지 중강불에서 계속 저으며 3~4분 동안 끓입니다. 내열용기로 옮겨 담고 바닐라와 소금을 넣고 젓습니다. 랩을 표면에 밀착시켜 덮고 완전히 식힙니다.

5. 중간 크기 볼에 버터와 설탕을 담고 전동 믹서의 중속에서 연한 미색으로 풍성해질 때까지 약 2분 동안 휘젓습니다. 도중에 필요에 따라 볼의 옆면을 긁어내려줍니다. 우유 혼합물을 넣고 휘핑크림처럼 밝고 풍성해질 때까지 2분 더 휘젓습니다. 오프셋 스패출러로 프로스팅을 케이크 위에 골고루 펴 바릅니다. 기다란 스프링클을 올려 장식합니다. (케이크는 랩으로 싸서 3일까지 냉장보관할 수 있습니다. 서빙 전 실온에 꺼내둡니다.)

Vanilla Cake with Chocolate Ganache Buttercream

초콜릿 가나슈 버터크림 바닐라 케이크

16~20인분

평범한 바닐라는 사양할게요. 말도 못하게 촉촉한 케이크 층에 바닐라빈에서 바로 긁어낸 씨(바닐라 페이스트 2작은술로 대체 가능)와 바닐라 엑스트랙트가 함께 들어가 있어요. 그리고 토핑으로 초콜릿 가나슈 버터크림을 바릅니다. 생일 파티의 단골 메뉴가 한층 업그레이드된 거라 할 수 있지요.

케이크

무염버터 1½스틱(¾컵): 실온 상태 + 팬에 바를 약간

설탕 1½컵

베이킹파우더 2¼작은술

코셔 소금 1½작은술

큰 달걀 1개 + 큰 달걀 4개의 노른자: 실온 상태

바닐라빈 1개: 길게 갈라 긁어낸 씨

바닐라 엑스트랙트 1작은술

무표백 중력분 2¼컵

우유 ¾컵: 실온 상태

구슬 스프링클: 장식용

초콜릿 가나슈 버터크림

세미스위트 초콜릿 227g: 잘게 자른 것(1¾컵)

헤비크림 ¾컵

연한색 콘시럽 1큰술

무염버터 1½스틱(¾컵): 작게 조각낸 것, 실온 상태

1. **케이크 만들기**: 오븐을 175℃로 예열합니다. 23×33㎝ 베이킹 팬에 버터를 바릅니다. 전동 믹서에 버터, 설탕, 베이킹파우더, 소금을 넣고 중속에서 연한 미색으로 풍성해질 때까지 약 3분 동안 휘젓습니다. 달걀과 달걀노른자를 한 번에 하나씩 넣으며 휘젓습니다. 도중에 필요에 따라 볼의 옆면을 긁어내려줍니다. 두 가지 바닐라를 넣고 젓습니다. 밀가루를 세 번으로 나누어 우유와 번갈아 넣는데 밀가루로 시작하고 끝을 맺습니다. 반죽을 준비된 팬에 골고루 나누어 담고 오프셋 스패출러로 윗면을 평평하게 고릅니다.

2. 케이크 테스터로 가운데를 찔러보아 촉촉한 부스러기가 조금 묻어나오는 정도까지 35~40분 동안 굽습니다. 팬을 식힘망으로 옮겨 완전히 식힙니다.

3. **버터크림 만들기**: 큰 내열용기에 초콜릿을 담습니다. 작은 소스팬에 크림과 콘시럽을 넣고 끓입니다. 혼합물을 초콜릿 위에 붓고 2분 동안 그대로 놓아둔 후 부드러워지도록 젓습니다. 30분 동안 식힙니다. 전동 믹서를 중속과 고속 사이로 맞추고 버터를 천천히 넣으면서 모든 재료가 골고루 섞이고 버터크림이 매끄러워질 때까지 휘젓습니다. 볼의 옆면을 긁어내리며 가볍고 푹신해질 때까지 1분 더 휘젓습니다.

4. 오프셋 스패출러로 버터크림을 케이크 위에 골고루 펴 바릅니다. 흰색 구슬 스프링클을 뿌려 장식합니다. (케이크는 랩으로 싸서 3일까지 냉장보관할 수 있습니다. 서빙 전 실온에 꺼내둡니다.)

Lemon-Glazed Sheet Cake

레몬-글레이즈 시트 케이크

12~16인분

시트러스 제스트에 비단결처럼 고운 시트러스 글레이즈까지 더해져 두 배 더 화사하고 새콤한 시트 케이크가 되었답니다. 글레이즈만 바르고 마무리해도 세련된 현대적 느낌이 나지만 설탕을 입힌 레몬제스트를 몇 조각 올리면 더욱 돋보일 거예요.

케이크

무염버터 1스틱(½컵)과 2큰술: 실온 상태 + 팬에 바를 약간

설탕 1⅓컵

베이킹파우더 1½작은술

베이킹소다 ¼작은술

코셔 소금 1¼작은술

간 레몬제스트 2작은술 + 신선한 레몬즙 1큰술

큰 달걀 2개: 실온 상태

박력분(셀프라이징 아닌 것) 1⅔컵

우유 ½컵: 실온 상태

글레이즈

설탕 ¾컵

옥수수전분 ¼컵

코셔 소금 ½작은술

간 레몬제스트 1½작은술 + 신선한 레몬즙 ⅔컵(레몬 3개에서 추출)

큰 달걀 4개의 노른자: 실온 상태

무염버터 4큰술: 실온 상태

1. **케이크 만들기**: 오븐을 175℃로 예열합니다. 23×33㎝ 베이킹 팬에 버터를 바릅니다. 전동 믹서에 버터, 설탕, 베이킹파우더, 베이킹소다, 소금, 레몬제스트를 넣고 중속과 고속 사이에서 연한 미색으로 풍성해질 때까지 약 3분 동안 휘젓습니다. 달걀을 한 번에 하나씩 넣고 볼의 옆면을 긁어내리며 잘 저어줍니다. 레몬즙을 넣고 젓습니다. 밀가루를 세 번으로 나누어 우유와 번갈아 넣는데 밀가루로 시작하고 끝을 맺습니다. 반죽을 준비된 팬에 골고루 나누어 담고 오프셋 스패출러로 윗면을 평평하게 고릅니다.

2. 케이크 테스터로 가운데를 찔러보아 촉촉한 부스러기가 조금 묻어나오는 정도까지 30~35분 동안 굽습니다. 팬을 식힘망으로 옮겨 완전히 식힙니다.

3. **글레이즈 만들기**: 중간 크기 소스팬에 설탕, 옥수수전분, 소금, 레몬제스트를 넣고 섞습니다. 달걀노른자를 넣고 젓다가 물 1⅔컵, 레몬즙, 버터를 넣고 젓습니다. 중강불을 켜고 살짝 걸쭉해질 때까지 약 1분 동안 계속 저으며 끓입니다. 고운체를 내열용기에 밭치고 거릅니다. 이따금씩 저으며 30분 동안 놓아둡니다.

4. 나무 꼬치로 케이크에 20여 개 구멍을 낸 후 글레이즈를 붓습니다. 냉장실에 최소 2시간에서 최대 1일까지 넣어둡니다. (케이크는 랩으로 싸서 3일까지 냉장보관할 수 있습니다. 서빙 전 실온에 꺼내둡니다.)

No-Bake Banana Split Sheet Cake

노-베이크 바나나 스플릿 시트 케이크

12인분

누구나 좋아하는 선데 아이스크림을 여러 명이 함께 먹을 만큼 크게 만들었어요. 크림, 설탕, 달걀노른자, 젤라틴으로 만든 이탈리아 냉동 커스터드인 바닐라 세미프레도를 바나나 슬라이스와 시판 초콜릿 웨이퍼 사이에 바른 것이 특징이지요. 바나나 스플릿에 없어서는 안 될 캐러멜, 휘핑크림, 견과류, 체리도 놓치지 않았어요.

바닐라 엑스트랙트 2큰술

차가운 물 2큰술

무향 젤라틴 2¼작은술(1봉)

큰 달걀 4개: 흰자와 노른자 분리한 것, 실온 상태

그래뉴당 1컵

헤비크림 3½컵

바닐라빈 1개: 길게 갈라 긁어낸 씨

초콜릿-웨이퍼 쿠키 1박스(255g): 나비스코 페이머스 웨이퍼Nabisco Famous Wafers(42개) 등

바나나 3~4개: 껍질 벗겨 0.6㎝ 두께의 가로로 썬 것(약 2½컵)

마라스키노 체리 16개: 줄기 자르고 반 자른 것 + 자르지 않은 장식용 체리

캐러멜 소스(242쪽 참고)

슈거파우더 1큰술

다진 호두: 장식용

1. 작은 볼에 바닐라 엑스트랙트와 차가운 물을 담습니다. 젤라틴을 뿌리고 5분 동안 그대로 둡니다. 내열용기에 달걀노른자와 그래뉴당 ½컵을 넣고 중탕합니다. 연한 미색으로 걸쭉해질 때까지 약 2분 동안 젓습니다. 젤라틴 혼합물을 넣고 녹을 때까지 저어줍니다. 혼합물을 차가운 볼에 옮겨 담습니다.

2. 큰 볼에 헤비크림 2½컵과 바닐라 씨를 넣고 전동 믹서 중속과 고속 사이에서 단단한 뿔이 형성될 때까지 휘젓습니다. 휘핑크림의 3분의 1을 젤라틴 혼합물에 넣고 이 젤라틴 혼합물을 남은 휘핑크림에 넣고 섞습니다.

3. 큰 볼에 달걀흰자를 넣고 전동 믹서 중속과 고속 사이에서 부드러운 뿔이 형성될 때까지 약 2분 동안 휘젓습니다. 남은 그래뉴당 ½컵을 천천히 넣으며 단단한 뿔이 형성될 때까지 5~6분 동안 휘젓습니다. 크림 혼합물에 넣습니다. (총 9컵이 나와야 해요.)

4. 23×33㎝ 베이킹 팬에 랩을 깔고 모서리 네 곳의 랩을 10㎝ 정도 길게 빼서 팬 바깥으로 넘깁니다. 팬 바닥에 쿠키 18개를 조금씩 겹쳐 배열합니다. 쿠키 위에 바나나를 한 겹으로 깝니다. 그 위에 크림 혼합물 4컵을 골고루 펴 바릅니다. 크림 위에 쿠키 12개를 더 올립니다. 반 자른 체리를 남은 크림 혼합물에 넣은 후 쿠키 위에 골고루 펴 바릅니다. 그 위에 남은 쿠키 12개를 더 올립니다. 랩으로 싸서 최소 4시간에서 최대 3일까지 냉동보관합니다.

5. 팬을 냉동실에서 꺼냅니다. 밖으로 빼낸 랩을 잡고 케이크를 뒤집어 접시에 꺼냅니다. (케이크가 들러붙을 경우 따뜻하고 촉촉한 키친타월로 팬의 옆면과 바닥을 문지르면 잘 분리됩니다.) 랩을 제거하고 케이크 가장자리를 다듬습니다. 캐러멜 ½컵을 붓습니다. 전동 믹서에 남은 헤비크림 1컵과 슈거파우더를 넣고 중속과 고속 사이에서 단단한 뿔이 형성될 때까지 휘젓습니다. 케이크 위에 덩어리로 떨어뜨립니다. 다진 호두를 뿌리고 자르지 않은 통체리를 올립니다. 남은 캐러멜과 함께 즉시 서빙합니다.

Spiced Snacking Cake

향신료 스낵 케이크

12~16인분

학교에서 돌아와 간식으로 먹기에도, 차와 곁들이기에도 좋은 스낵이에요. 따뜻한 향신료로 속을 채운 뒤
바닐라가 콕콕 박힌 레몬 글레이즈를 발라 심플하게 마무리합니다.
복잡한 프로스팅 과정 없이 단지 뿌리기만 하면 됩니다.

케이크

홍화씨 오일 ¼컵과 2큰술 + 팬에 바를 약간

무표백 중력분 2¼컵

그래뉴당 1½컵

베이킹파우더 1큰술과 ½작은술

코셔 소금 ¾작은술

계피가루 ¾작은술

카더멈가루 ¼작은술

큰 달걀 1개 + 큰 달걀 1개의 노른자: 실온 상태

사워크림 ¾컵

바닐라 엑스트랙트 2¼큰술

우유 3큰술

글레이즈

슈거파우더 ¾컵

우유 1½큰술

바닐라빈 1개: 길게 갈라 긁어낸 씨

레몬제스트 1½작은술~1큰술: 식감증진용

신선한 레몬즙 1~3큰술: 갓 짜낸 것

1. **케이크 만들기**: 오븐을 175℃로 예열합니다. 23×33㎝ 베이킹 팬에 오일을 바릅니다. 유산지를 깔고 긴 모서리 두 곳의 유산지를 길게 빼서 팬 바깥으로 넘깁니다. 유산지에 오일을 바릅니다. 큰 볼에 밀가루, 그래뉴당, 베이킹파우더, 소금, 계피, 카더멈을 넣고 섞습니다.

2. 중간 크기 볼에 달걀, 달걀노른자, 사워크림, 오일, 바닐라, 우유를 넣고 잘 섞습니다. 달걀 혼합물을 밀가루 혼합물에 넣고 부드러워질 때까지 저어줍니다(되직한 반죽이 될 거예요). 반죽을 준비된 팬에 골고루 나누어 담고 오프셋 스패출러로 윗면을 평평하게 고릅니다. 노릇노릇해지고 표면을 살짝 눌렀을 때 되돌아오는 정도까지 35~40분 동안 굽습니다. 팬을 식힘망으로 옮겨 30분 동안 식힙니다. 밖으로 빼낸 유산지를 잡고 케이크를 팬에서 들어올려 식힘망으로 옮기고 완전히 식힙니다.

3. **글레이즈 만들기**: 작은 볼에 슈거파우더, 우유, 바닐라 씨, 레몬제스트 1½작은술(더 풍부한 제스트 식감을 원한다면 1큰술까지 추가할 수 있어요), 레몬즙 1큰술을 넣고 부드럽고 흘려 부을 수 있는 정도가 될 때까지 저어줍니다(글레이즈가 너무 뻑뻑하면 남은 레몬즙 2큰술을 추가합니다). 케이크 위에 붓고 오프셋 스패출러로 가장자리까지 펴 바릅니다. 자르기 전에 30분 동안 굳힙니다. (케이크는 랩으로 싸서 최대 3일까지 냉장보관할 수 있습니다. 서빙 전 실온에 꺼내둡니다.)

No-Bake Blueberry Ricotta Cheesecake

노-베이크 블루베리 리코타 치즈케이크

14~16인분

무더운 여름날에도 완벽한 휴식을 선사하는 디저트입니다. 오븐을 돌리지 않아도 되니까요. 간단한 바닐라-웨이퍼-크림 크러스트를 팬에 눌러 담고 차갑게 굳힙니다. 그 사이 휘핑크림을 레몬 리코타와 크림치즈에 넣어 폭신한 필링을 만들고요. 블루베리는 시럽 형태와 싱싱한 제철 과일 상태의 두 가지를 사용하는데, 차가우면서 구름 같은 케이크 위에 토핑으로 올립니다.

바닐라-웨이퍼 쿠키 1박스(312g): 나비스코 닐라 웨이퍼 Nabisco Nilla Wafers **등**

그래뉴당 ¼컵과 3큰술

코셔 소금 ½작은술

무염버터 1스틱(½컵): 녹인 것

홀밀크 리코타 1컵

크림치즈 2팩(각 227g): 실온 상태

슈거파우더 1컵: 체 친 것

곱게 간 레몬제스트 1큰술 + 신선한 레몬즙 ¼컵(레몬 1~2개에서 추출)

헤비크림 1¼컵

블루베리 5컵(1.4ℓ통에서)

옥수수전분 1½작은술

신선한 민트 잎: 장식용

1. 쿠키를 푸드 프로세서에 넣고 펄스 기능으로 곱게 갑니다. 그래뉴당 ¼컵, 소금 ¼작은술, 버터를 넣고 모든 크럼이 촉촉해질 때까지 펄스 기능으로 갑니다(약 3½컵이 필요함). 혼합물을 23×33㎝ 베이킹 팬 바닥에 눌러 담고 냉장실에 넣어둡니다. 그 사이 필링을 만듭니다.

2. 리코타, 크림치즈, 슈거파우더, 제스트, 레몬즙 3큰술을 깨끗한 푸드 프로세서에 넣고 매우 부드러워질 때까지 섞습니다. 큰 그릇에 옮겨 담습니다. 중간 크기 볼에 크림을 넣고 전동 믹서 중속과 고속 사이에서 단단한 뿔이 형성될 때까지 휘젓습니다. 리코타 혼합물 안에 넣고 섞습니다.

3. 크림 혼합물 2½컵을 크러스트 위에 덩어리로 떨어뜨리고 오프셋 스패출러로 골고루 펴 바릅니다. 베리 2컵을 위에 얹습니다. 남은 크림 혼합물을 덩어리로 떨어뜨리고 펴 발라 베리를 덮습니다. 랩으로 싸고 최소 8시간에서 최대 2일까지 냉장실에 넣어둡니다.

4. 작은 소스팬에 블루베리 1½컵, 물 2큰술, 남은 그래뉴당 3큰술, 레몬즙 1큰술, 소금 ¼작은술을 넣고 중강불에서 끓입니다. 블루베리가 터지기 시작할 때까지 2~3분 동안 저으며 끓입니다. 작은 볼에 옥수수전분과 물 2큰술을 넣고 저은 다음, 블루베리 혼합물에 넣고 젓습니다. 끓어오르면 살짝 걸쭉해질 때까지 1분 더 끓입니다. 불을 끕니다. 베리 1컵을 넣고 저으면서 완전히 식힙니다. 차가워진 케이크 위에 베리 혼합물을 스푼으로 떠서 올립니다. 남은 블루베리 ½컵과 민트 잎으로 장식합니다. (케이크는 랩으로 싸서 최대 2일까지 냉장보관할 수 있습니다.)

5

Cupcakes

컵케이크

우리는 이 예쁜 미니어처에 언제나 열광한답니다. 먼저 컵케이크를 구운 다음 세련된 맛을 가미하기도 하고(초콜릿 흑맥주), 속에 색다른 것을 넣기도 하고(오렌지 커드), 페이스트리-셰프 수준으로 꾸며보기도 합니다(다육이 짜기).

Soft-Serve Peanut Butter Cupcakes

소프트 아이스크림 피넛버터 컵케이크

12개 분량

아이스크림 트럭이 오면 여전히 쫓아갈 거예요. 단단한 초콜릿 껍데기 안에 담겨 있는 소프트 아이스크림을 어떻게 그냥 보낼 수 있겠어요? 피넛버터와 버터크림이 빙글빙글 높이 올라간 이 초콜릿 컵케이크가 그 시절 향수를 불러일으키네요. 녹인 초콜릿에 컵케이크를 담갔다가 뺄 때 몇 방울 떨어질 수 있으니 몇 초만 잠시 들고 있으시길!

컵케이크

설탕 1½컵

무표백 중력분 1½컵

무가당 더치-프로세스 코코아가루 ¾컵

베이킹소다 1½작은술

베이킹파우더 1작은술

코셔 소금 ¾작은술

버터밀크 ¾컵: 실온 상태

홍화씨 오일 ⅓컵과 1큰술

따뜻한 물 ¾컵

큰 달걀 2개: 실온 상태

바닐라 엑스트랙트 1작은술

버터크림

스위스 머랭 버터크림(237쪽 참고)

피넛버터 ½컵: 크림 같은 질감

코셔 소금 ¼작은술

바닐라 엑스트랙트 1작은술

글레이즈

세미스위트 초콜릿 340g: 굵게 자른 것

홍화씨 오일 3큰술

1. **컵케이크 만들기**: 오븐을 175℃로 예열합니다. 12구 머핀 틀에 종이 유산지 컵을 깝니다. 큰 볼에 설탕, 밀가루, 코코아, 베이킹소다, 베이킹파우더, 소금을 넣고 섞습니다. 여기에 버터밀크, 오일, 따뜻한 물을 넣고 휘젓습니다. 달걀을 한 번에 하나씩 넣으며 젓다가 바닐라를 넣고 부드러워질 때까지 저어줍니다.

2. 반죽을 준비된 컵마다 3분의 2씩 채웁니다. 표면을 살짝 눌렀을 때 되돌아오고 케이크 테스터로 가운데를 찔러보아 촉촉한 부스러기가 조금 묻어나오는 정도까지 20~25분 동안 굽습니다. 고르게 구워지도록 중간에 머핀 틀을 앞뒤로 돌립니다. 틀을 식힘망으로 옮겨 10분 동안 식힙니다. 식힘망 위에 컵케이크를 꺼낸 후 완전히 식힙니다.

3. **버터크림 만들기**: 스위스 머랭 버터크림을 반으로 나눕니다. 피넛버터와 소금을 첫 번째 반절에 넣고 섞은 다음 깍지를 끼우지 않은 짤주머니에 옮겨 담습니다. 다른 반절에 바닐라를 넣고 저은 다음 깍지를 끼우지 않은 다른 짤주머니에 옮겨 담습니다. 다른 짤주머니에 지름 약 1.3㎝의 큰 원형 깍지를 끼웁니다. 버터크림이 담긴 두 개의 짤주머니 끝을 조금 잘라낸 다음 깍지를 끼운 짤주머니에 동시에 담습니다. 두 가지 맛의 버터크림이 동시에 나오도록 조심스럽게 짭니다. 각 컵케이크마다 버터크림을 약 5㎝ 높이로 빙글 돌리며 짭니다. 냉장실에 넣고 최소 25분 이상 차갑게 굳힙니다.

4. **글레이즈 만들기**: 내열용기에 물, 녹인 초콜릿, 오일을 담고 저으면서 중탕합니다. 부드러워지면 불을 끄고 식힙니다. 1쿼트(0.94ℓ) 테이크아웃 용기와 같이 크고 넓은 통으로 옮겨 담고 실온에서 식힙니다. (글레이즈는 매끄러워야 하지만 따뜻해서는 안 됩니다.) 컵케이크를 글레이즈에 살살 담가 윗면을 완전히 덮습니다. 몇 방울이 떨어질 수 있으니 통 위에 잠시 들고 있으세요. 컵케이크를 약 10분 동안 다시 냉장실에 넣었다가 서빙합니다. (컵케이크는 냉장실에서 3일까지 보관할 수 있습니다.)

Neapolitan Cupcakes

나폴리탄 컵케이크

12개 분량

바닐라 맛을 고를까? 아니면 초콜릿? 딸기 맛도 좋아하는데. 나폴리 아이스크림을 선택하면 이런 고민이 말끔히 사라집니다. 나폴리 아이스크림에 착안해서 컵마다 초콜릿과 바닐라 케이크를 차례로 깔고 그 위에 사랑스러운 딸기 버터크림을 올렸습니다.

무표백 중력분 1¾컵

베이킹파우더 2작은술

코셔 소금 1작은술

무염버터 1스틱(½컵): 실온 상태

설탕 1컵

큰 달걀 3개: 실온 상태

바닐라 엑스트랙트 1작은술

버터밀크 ⅔컵: 실온 상태

무가당 더치-프로세스 코코아가루 ¼컵

뜨거운 물 ¼컵

세미스위트 초콜릿(카카오 함량 61%) 56g: 굵게 자른 것

딸기 버터크림(239쪽)

1. 오븐을 175℃로 예열합니다. 12구 머핀 틀에 종이 유산지 컵을 깝니다. 중간 크기 볼에 밀가루, 베이킹파우더, 소금을 넣고 섞습니다.

2. 큰 볼에 버터와 설탕을 넣고 전동 믹서 중속에서 연한 미색으로 풍성해질 때까지 약 5분 동안 휘젓습니다. 달걀을 한 번에 하나씩 넣고 필요에 따라 볼의 옆면을 긁어내리며 잘 저어줍니다. 바닐라를 넣습니다. 믹서를 저속으로 낮추고 밀가루 혼합물을 두 번으로 나누어 버터밀크와 번갈아 넣는데 밀가루로 시작하고 끝을 맺습니다.

3. 작은 볼에 코코아와 뜨거운 물을 넣고 부드러워질 때까지 젓습니다. 바닐라 반죽을 1컵 가득 떠서 중간 크기 볼에 넣습니다. 코코아 혼합물을 넣고 날가루가 보이지 않을 정도로만 가볍게 섞습니다. 굵게 자른 초콜릿을 넣고 섞습니다.

4. 준비된 컵에 초콜릿 반죽을 골고루 나누어 담은 후 남은 바닐라 반죽을 위에 올립니다. 케이크가 황갈색이 되고 케이크 테스터로 가운데를 찔러보아 깨끗하게 나오는 정도까지 약 20~22분 동안 굽습니다. 고르게 구워지도록 중간에 머핀 틀을 앞뒤로 돌립니다. 틀을 식힘망으로 옮겨 10분 동안 식힙니다. 식힘망에 컵케이크를 꺼내어 완전히 식힙니다. 서빙하기 바로 전에 오프셋 스패출러로 버터크림을 컵케이크 위에 바릅니다. (컵케이크는 밀폐용기에 담아 실온에서 최대 1일까지 보관할 수 있습니다.)

Blueberry Cupcakes

블루베리 컵케이크

12개 분량

이제 블루베리 머핀이 더 멋진 무대로 진출합니다. 바닐라 케이크에 신선하고 통통한 블루베리를 넣어서 보통의 머핀 반죽보다 더 풍성하고 달콤하게 만듭니다. 그 위에 계피-설탕 크럼을 올리고 블루베리-크림치즈 아이싱을 소용돌이 모양으로 짜면 되지요.

토핑

그래뉴당 6큰술

눌러 담은 흑설탕 ¼컵

계피가루 1작은술

컵케이크

박력분(셀프라이징 아닌 것) 1⅔컵

베이킹소다 ¼작은술

베이킹파우더 1작은술

코셔 소금 ½작은술

무염버터 1스틱(½컵): 실온 상태

그래뉴당 ⅔컵

큰 달걀 2개: 실온 상태

바닐라 엑스트랙트 1작은술

사워크림 ¾컵

블루베리 170g(1¼컵)

아이싱

무염버터 1스틱(½컵)과 2큰술: 실온 상태

크림치즈 227g: 실온 상태

바닐라 엑스트랙트 ½작은술

슈거파우더 2⅔컵

블루베리잼 ¼컵: 체에 거른 것

1. **토핑 만들기**: 작은 볼에 두 가지 설탕과 계피를 섞습니다.

2. **컵케이크 만들기**: 오븐의 상단 3분의 1 위치에 선반을 끼우고 190℃로 예열합니다. 12구 머핀 틀에 종이 유산지 컵을 깝니다. 중간 크기 볼에 밀가루, 베이킹소다, 베이킹파우더, 소금을 넣고 섞습니다.

3. 큰 볼에 버터와 그래뉴당을 넣고 전동 믹서 중속과 고속 사이에서 연한 미색으로 풍성해질 때까지 2~3분 동안 휘젓습니다. 달걀을 한 번에 하나씩 넣고 필요에 따라 볼의 옆면을 긁어내리며 잘 저어줍니다. 바닐라를 넣고 저어줍니다. 믹서를 저속으로 낮추고 밀가루 혼합물을 세 번으로 나누어 사워크림과 번갈아 넣는데 밀가루로 시작하고 끝을 맺습니다. 블루베리를 넣고 젓습니다.

4. 반죽을 준비된 컵에 골고루 나누어 담습니다. 토핑을 뿌리고 반죽에 눌러 붙입니다. 노릇노릇해지고 케이크 테스터로 가운데를 찔러보아 촉촉한 부스러기가 조금 묻어나오는 정도까지 20~21분 동안 굽습니다. 고르게 구워지도록 중간에 머핀 틀을 앞뒤로 돌립니다. 틀을 식힘망으로 옮겨 10분 동안 식힙니다. 식힘망 위에 컵케이크를 꺼낸 후 완전히 식힙니다.

5. **아이싱 만들기**: 큰 볼에 버터와 크림치즈를 넣고 전동 믹서 중속과 고속 사이에서 연한 미색으로 풍성해질 때까지 약 2분 동안 휘젓습니다. 저속으로 낮추고 바닐라와 슈거파우더를 천천히 넣으며 젓습니다. 중속과 고속 사이로 높이고 1분 더 휘젓습니다. 잼을 스푼으로 떠서 아이싱 위에 올리고 젓지 않습니다. 지름 2㎝의 깍지를 끼운 짤주머니에 담습니다. 각 컵케이크 위에 아이싱을 빙글 돌리며 듬뿍 짭니다. (컵케이크는 6시간까지 냉장보관할 수 있습니다. 서빙하기 45분 전에 실온으로 꺼냅니다.)

Molten Chocolate Espresso Cupcakes

몰튼 초콜릿 에스프레소 컵케이크

6개 분량

손님들을 잘 대접하고 싶지만 준비할 시간이 많지 않을 때가 있지요. 쫀득하고 달콤쌉싸름한 맛에 하나씩 먹을 수 있는 이 간식을 휘리릭 만들어보세요. 몇 개는 플레인으로 남겨두고, 몇 개는 얇고 납작한 천일염을 뿌리거나 다진 피스타치오를 올리는 등 다양하게 준비해서 각자 취향에 따라 골라먹을 수 있도록 합니다.

무염버터 4큰술: 실온 상태 + 틀에 바를 약간

설탕 ⅓컵 + 틀에 뿌릴 약간

비터스위트 초콜릿 227g: 굵게 자른 것

무표백 중력분 ⅓컵

인스턴트 에스프레소가루 1큰술

코셔 소금 ¼작은술

큰 달걀 3개: 실온 상태

바닐라 엑스트랙트 1작은술

초콜릿 가나슈 글레이즈(241쪽 참고)

얇고 납작한 천일염: 말돈Maldon 등, 장식용

다진 피스타치오: 장식용

1. 오븐을 205℃로 예열합니다. 6구 머핀 틀에 버터를 바릅니다. 설탕을 뿌리고 여분을 털어냅니다. 내열용기에 초콜릿을 넣고 저으며 중탕으로 녹입니다. 불을 끄고 식힙니다. 중간 크기 볼에 밀가루, 에스프레소가루, 소금을 넣고 섞습니다.

2. 전동 믹서에 버터와 설탕을 넣고 중속과 고속 사이에서 연한 미색으로 풍성해질 때까지 휘젓습니다. 달걀을 한 번에 하나씩 넣으며 젓습니다. 저속으로 낮추고 밀가루를 넣으며 계속 돌립니다. 바닐라와 녹인 초콜릿을 넣고 섞습니다.

3. 반죽을 준비된 컵에 골고루 나누어 담습니다. 머핀 틀을 흔들었을 때 반죽이 더 이상 흔들리지 않는 상태가 될 때까지 8~10분 동안 굽습니다. 고르게 구워지도록 중간에 머핀 틀을 앞뒤로 돌립니다. 틀을 식힘망으로 옮겨 10분 동안 식힙니다. 식힘망 위에 컵케이크를 꺼낸 후 완전히 식힙니다. (글레이즈를 바르지 않은 케이크는 밀폐용기에 담아 실온에서 5일까지 보관할 수 있습니다. 서빙 전 글레이즈를 뿌립니다.) 서빙 바로 전에 오프셋 스패출러로 가나슈를 윗면에 바릅니다. 선택사항으로 얇고 납작한 천일염이나 피스타치오를 뿌립니다.

Orange Curd Cupcakes

오렌지 커드 컵케이크

18개 분량

이 컵케이크에 시트러스 향미를 가미하는 방법에는 세 가지가 있어요. 즉 반죽에 오렌지제스트 넣기, 오렌지 커드 주입하기, 바닐라 버터크림에 설탕 절임 오렌지 슬라이스 꽂기입니다. 오렌지 커드와 오렌지 슬라이스는 완성하는 데 각각 2시간 정도 걸리므로 앞 순서에 배치합니다. 전날 미리 만들어도 좋고요.

말린 오렌지 슬라이스

네이블 오렌지 2개: 얇게 썬 것

슈거파우더 ½컵: 체 친 것

컵케이크

무표백 중력분 1¼컵

박력분(셀프라이징 아닌 것) 1¼컵

베이킹파우더 1¼작은술

베이킹소다 ¼작은술

코셔 소금 ¾작은술

무염버터 1스틱(½컵): 실온 상태

그래뉴당 1컵

오렌지제스트: 오렌지 1개를 간 것

바닐라빈 1개: 길게 갈라 긁어낸 씨

큰 달걀 2개와 큰 달걀 2개의 노른자: 실온 상태

버터밀크 1컵

오렌지 커드(233쪽 참고)

바닐라 버터크림(239쪽 참고)

1. **말린 오렌지 슬라이스 만들기**: 오븐을 93℃로 예열합니다. 베이킹시트에 논스틱 베이킹매트를 깔고 오렌지 슬라이스를 한 겹으로 배열합니다. 오렌지에 슈거파우더를 넉넉히 뿌립니다. 껍질이 마르고 과육이 반투명해질 때까지 약 2시간 30분 동안 굽습니다.

2. **컵케이크 만들기**: 오븐 가운데에 선반을 끼우고 175℃로 온도를 올립니다. 12구 머핀 틀 2개에 종이 유산지 컵 18개를 깝니다. 중간 크기 볼에 밀가루, 베이킹파우더, 베이킹소다, 소금을 넣고 섞습니다.

3. 큰 볼에 버터와 그래뉴당을 넣고 전동 믹서 중속에서 풍성해질 때까지 약 3분 동안 휘젓습니다. 오렌지제스트와 바닐라 씨를 넣고 저어줍니다. 달걀과 달걀노른자를 한 번에 하나씩 넣으며 잘 저어줍니다. 믹서를 저속으로 낮추고 밀가루 혼합물을 세 번으로 나누어 버터밀크와 번갈아 넣는데 밀가루 혼합물로 시작하고 끝을 맺습니다. 날가루가 보이지 않을 정도로만 가볍게 섞습니다.

4. 반죽을 준비된 컵에 3분의 2씩 채웁니다. 표면을 살짝 눌렀을 때 되돌아오고 케이크 테스터로 가운데를 찔러보아 깨끗하게 나오는 정도까지 약 16분 동안 굽습니다. 고르게 구워지도록 중간에 머핀 틀을 앞뒤로 돌립니다. 틀을 식힘망으로 옮겨 15분 동안 식힙니다. 서빙 쟁반 위에 컵케이크를 꺼낸 후 완전히 식힙니다.

5. 짤주머니에 지름 0.6㎝의 원형 깍지를 끼우고 오렌지 커드 2컵을 담습니다. 각 컵케이크 가운데에 깍지를 찔러 넣고 부드럽게 짜면서 속을 채웁니다. (프로스팅을 하지 않은 케이크는 밀폐용기에 담아 최대 3일까지 냉장보관할 수 있습니다. 서빙 전 프로스팅합니다.) 다른 짤주머니에 1.3㎝ 별 깍지를 끼우고 버터크림을 담은 후 컵케이크 위에 짭니다. 말린 오렌지 슬라이스를 꽂은 후 서빙합니다. (컵케이크는 밀폐용기에 담아 최대 3일까지 냉장보관할 수 있습니다.)

SERVING TIP

베리를 프로스팅 속에
살포시 눌러주어야 손님들이
하나씩 가져갈 때 베리가
굴러다니지 않습니다.

Pull-Apart Vanilla Cupcakes with Berries

분리형 베리 바닐라 컵케이크

12개 분량

분명 시트 케이크처럼 보이는데 아래가 전부 컵케이크랍니다. 이런 반전은 어떻게 만들까요?
컵케이크끼리 딱 붙여 직사각형으로 배열하고 휘핑크림으로 덮습니다.
먹을 때는 하나씩 집어가기만 하면 되니 자를 일도 없지요.

바닐라-웨이퍼 쿠키 45개(312g 박스에서): 나비스코 닐라 웨이퍼 등을 푸드 프로세서의 펄스 기능으로 곱게 간 것(약 1½컵)

무표백 중력분 ½컵

베이킹파우더 1작은술

코셔 소금 ¼작은술

무염버터 1스틱(½컵): 실온 상태

그래뉴당 ¾컵

큰 달걀 2개: 실온 상태

우유 ¾컵

가당 코코넛 채 1컵

무향 젤라틴 1작은술

헤비크림 1컵: 차가운 것

슈거파우더 2큰술: 체 친 것

바닐라 엑스트랙트 ¼작은술

신선한 베리 1½컵: 블루베리, 라즈베리, 블랙베리 등

1. 오븐을 175℃로 예열합니다. 12구 머핀 틀에 종이 유산지 컵을 깝니다. 중간 크기 볼에 쿠키 크럼, 밀가루, 베이킹파우더, 소금을 넣고 섞습니다.

2. 전동 믹서에 버터와 그래뉴당을 넣고 연한 미색으로 풍성해질 때까지 중속에서 1분 동안 휘젓습니다. 달걀을 한 번에 하나씩 넣으며 휘젓습니다. 믹서를 저속으로 낮추고 밀가루 혼합물을 세 번으로 나누어 우유와 번갈아 넣는데 밀가루 혼합물로 시작하고 끝을 맺습니다. 날가루가 보이지 않을 정도로만 가볍게 섞은 다음 코코넛을 넣습니다.

3. 반죽을 준비된 컵에 골고루 나누어 담습니다. 컵케이크가 황갈색이 되고 가운데를 살짝 눌렀을 때 되돌아오는 정도까지 22~24분 동안 굽습니다. 고르게 구워지도록 중간에 머핀 틀을 앞뒤로 돌립니다. 틀을 식힘망으로 옮겨 완전히 식힙니다.

4. 작은 소스팬에 물 2큰술을 담습니다. 젤라틴을 뿌리고 걸쭉해질 때까지 약 5분 동안 그대로 놓아둡니다. 중불에서 부드럽게 저으며 젤라틴을 녹입니다. 불을 끄고 5분 동안 식힙니다(굳을 때까지 두지는 마세요).

5. 전동 믹서에 크림, 슈거파우더, 바닐라를 넣고 부드러운 뿔이 형성될 때까지 중속에서 약 2분 동안 휘젓습니다. 젤라틴 혼합물을 넣고 단단한 뿔이 형성될 때까지 중속에서 1분 더 돌립니다.

6. 머핀 틀에서 컵케이크를 꺼내고 쟁반에 7.5×10㎝ 크기의 직사각형으로 배열합니다. 프로스팅을 스푼으로 떠서 컵케이크 위에 한 줄씩 얹습니다. 오프셋 스패출러로 펴 바르면서 직사각형 형태를 잡아줍니다. 최소 1시간에서 최대 3시간까지 냉장실에 넣어둡니다. 서빙 전 베리를 올립니다. (컵케이크는 밀폐용기에 담아 최대 3일까지 냉장보관할 수 있습니다.)

Mini Spiced Cupcakes

미니 스파이스 컵케이크

미니 컵케이크 48개 분량

달콤한 향신료가 들어간 앙증맞은 컵케이크에 알록달록 무지갯빛 글레이즈를 바르면 훨씬 더 사랑스러워지지요.
글레이즈를 작은 볼에 나누어 담은 후 식용 색소를 한두 방울 떨어뜨려 다양한 색을 만듭니다.
상황에 따라 밝은 색조나 부드러운 파스텔 톤 등으로 맞춰보세요.

컵케이크

무염버터 2스틱(1컵): 실온 상태 + 팬에 바를 약간

무표백 중력분 1½컵

코셔 소금 1½작은술

계피가루 ½작은술

넛멕가루 ½작은술

카더멈가루 ¼작은술

눌러 담은 황설탕 1컵

큰 달걀 2개: 실온 상태

우유 ½컵

글레이즈

신선한 오렌지즙 4큰술

슈거파우더 1¾컵

젤 식용 색소: 여러 가지 색상

1. **컵케이크 만들기**: 오븐의 상단 및 하단 3분의 1 위치에 선반을 끼우고 175℃로 예열합니다. 48개의 미니-머핀 컵에 버터를 살짝 바릅니다. 중간 크기 볼에 밀가루, 소금, 계피, 넛멕, 카더멈가루를 담고 섞습니다.

2. 전동 믹서에 버터와 황설탕을 넣고 중속과 고속 사이에서 연한 미색으로 풍성해질 때까지 약 3분 동안 휘젓습니다. 달걀을 한 번에 하나씩 넣고 필요에 따라 볼의 옆면을 긁어내리며 잘 저어줍니다. 믹서를 저속으로 낮춥니다. 밀가루 혼합물을 세 번으로 나누어 우유와 번갈아 넣는데 밀가루로 시작하고 끝을 맺습니다. 넣을 때마다 잘 섞어줍니다.

3. 반죽을 준비된 컵에 골고루 나누어 담습니다. 가장자리가 황갈색으로 변하고 케이크 테스터로 가운데를 찔러보아 깨끗하게 나오는 정도까지 약 15분 동안 굽습니다. 고르게 구워지도록 중간에 머핀 틀을 앞뒤로 돌립니다. 틀을 식힘망으로 옮겨 10분 동안 식힙니다. 식힘망 위에 컵케이크를 꺼낸 후 완전히 식힙니다. (글레이즈를 바르지 않은 케이크는 뚜껑을 꽉 닫고 실온에서 최대 5일까지 보관할 수 있습니다. 서빙 전 글레이즈를 바릅니다.)

4. **글레이즈 만들기**: 볼에 오렌지즙과 슈거파우더를 넣고 부드러워질 때까지 저어줍니다. 글레이즈를 여러 개의 볼에 나누어 담고 젤 식용 색소 1~2방울을 떨어뜨려 원하는 색을 만듭니다. 스푼으로 떠서 식은 케이크 위에 바릅니다. (컵케이크는 밀폐용기에 담아 최대 3일까지 냉장보관할 수 있습니다.)

Chocolate Stout Cupcakes

초콜릿 흑맥주 컵케이크

24개 분량

많은 사람들이 펍에서 즐기는 맥주(기네스 등의 흑맥주)와 프레첼을 컵케이크 형태로 단장했어요.
케이크가 높이 솟을 테니 팝오버 팬에서 굽습니다.
크림치즈 프로스팅이 맥주의 하얀 거품 같죠? 자, 건배!

컵케이크

홍화씨 오일 2컵 + 컵에 바를 약간

무가당 더치-프로세스 코코아가루 1¾컵: 체 친 것 + 팬에 뿌릴 덧가루

무표백 중력분 4컵

베이킹소다 1큰술

코셔 소금 2작은술

흑맥주 2병(각 317.5g): 기네스 등

몰라세스 ¾컵

큰 달걀 4개: 실온 상태

그래뉴당 2컵

눌러 담은 흑설탕 1컵

바닐라 엑스트랙트 1큰술

사워크림 1½컵

잘게 부순 프레첼: 장식용

프로스팅

크림치즈 2팩(각 227g): 실온 상태

무염버터 2스틱(1컵): 잘게 자른 것, 실온 상태

사워크림 2큰술

슈거파우더 2컵: 체 친 것

무가당 더치-프로세스 코코아가루 ½작은술

바닐라 엑스트랙트 2작은술

1. **컵케이크 만들기**: 오븐을 175℃로 예열합니다. 24개의 팝오버 컵에 오일을 바릅니다. 코코아 덧가루를 뿌리고 여분을 털어냅니다. 큰 볼에 밀가루, 베이킹소다, 소금을 넣고 섞습니다. 다른 큰 볼에 흑맥주, 몰라세스, 코코아를 넣고 부드러워질 때까지 젓습니다.

2. 전동 믹서에 달걀과 두 가지 설탕을 넣고 중속과 고속 사이에서 골고루 섞일 때까지 2~3분 동안 휘젓습니다. 저속으로 낮추고 흑맥주 혼합물을 천천히 넣으며 섞습니다. 중속으로 높여 골고루 섞어줍니다. 다시 저속으로 낮추고 오일과 바닐라를 넣습니다. 밀가루 혼합물을 세 번으로 나누어 사워크림과 번갈아 넣는데 밀가루로 시작하고 끝을 맺습니다. 날가루가 보이지 않을 정도로만 가볍게 섞습니다.

3. 반죽을 준비된 컵에 4분의 3씩 채웁니다. 조리대에 살짝 내려칩니다(반죽에 아직 거품이 보일 수도 있어요). 케이크 테스터로 가운데를 찔러보아 깨끗하게 나오는 정도까지 약 20분 동안 굽습니다. 고르게 구워지도록 중간에 컵을 앞뒤로 돌립니다. 팬을 식힘망으로 옮겨 완전히 식힙니다. 팬에서 케이크를 꺼낸 후 빵칼로 둥그런 윗면을 평평하게 자릅니다.

4. **프로스팅 만들기**: 중간 크기 볼에 크림치즈를 넣고 전동 믹서 중속에서 부드러워질 때까지 2~3분 동안 휘젓습니다. 버터와 사워크림을 넣고 부드럽게 잘 섞일 때까지 휘젓습니다. 슈거파우더와 코코아를 넣고 계속 젓습니다. 바닐라를 넣고 잘 섞어줍니다.

5. 프로스팅 3큰술을 스푼으로 떠서 각 컵케이크에 올리고 오프셋 스패출러로 가장자리까지 펴 바릅니다. 잘게 부순 프레첼을 올려 장식합니다. (구운 당일에 먹는 것이 가장 좋습니다.)

Mini Mocha Cupcakes

미니 모카 컵케이크

미니 컵케이크 90개 분량

파티 또는 대규모 모임에 이 한 입 크기의 간식을 준비해보세요. 커피가 들어간 초콜릿 케이크, 초콜릿 무스, 크리미한 가나슈 글레이즈가 어우러져 궁극의 모카 맛을 만들어냅니다. 무스와 글레이즈는 컵케이크를 조립하기 바로 전에 만듭니다(저희는 비터스위트 초콜릿으로 만들었어요).

컵케이크

무염버터 2스틱(1컵)과 2큰술: 실온 상태 + 컵에 바를 약간

무가당 더치-프로세스 코코아가루 1컵과 2큰술 + 덧가루

무표백 중력분 2½컵과 2큰술

베이킹소다 2작은술

코셔 소금 ⅛작은술

그래뉴당 1컵

눌러 담은 흑설탕 1컵

큰 달걀 3개: 실온 상태

사워크림 ¾컵

버터밀크 1½컵

커피시럽

그래뉴당 ½컵

커피 엑스트랙트 ¼컵: 트라블리 Trablit **등**

초콜릿 무스

헤비크림 1½컵: 차가운 것

비터스위트 초콜릿(카카오 함량 70%) 227g: 녹인 것

초콜릿 가나슈 글레이즈(241쪽 참고)

커피콩: 부순 것, 장식용

1. **컵케이크 만들기**: 오븐을 175℃로 예열합니다. 미니 사이즈 머핀 틀에 버터를 바릅니다. 코코아 덧가루를 뿌리고 여분을 털어냅니다. 중간 크기 볼에 코코아, 밀가루, 베이킹소다, 소금을 넣고 섞습니다.

2. 전동 믹서에 버터와 두 가지 설탕을 넣고 중속과 고속 사이에서 연한 미색으로 풍성해질 때까지 휘젓습니다. 달걀을 한 번에 하나씩 넣고 필요에 따라 볼의 옆면을 긁어내리며 잘 저어줍니다. 사워크림을 넣고 섞습니다. 믹서를 저속으로 낮추고 밀가루 혼합물을 세 번으로 나누어 버터밀크와 번갈아 넣는데 밀가루로 시작하고 끝을 맺습니다. 날가루가 보이지 않을 정도로만 섞어줍니다.

3. 반죽을 준비된 컵에 4분의 3씩 채웁니다. 만져보아 단단하고 케이크 테스터로 가운데를 찔러보아 깨끗하게 나오는 정도까지 8~10분 동안 굽습니다. 고르게 구워지도록 중간에 틀을 앞뒤로 돌립니다. 틀을 식힘망으로 옮겨 5분 동안 식힙니다. 식힘망 위에 컵케이크를 꺼낸 후 완전히 식힙니다.

4. **커피시럽 만들기**: 작은 소스팬에 물 ½컵과 그래뉴당을 담고 설탕이 녹고 액체가 끓어오를 때까지 중불에서 끓입니다. 엑스트랙트를 넣고 젓습니다. (사용 전까지 냉장실에 넣어둡니다.)

5. **초콜릿 무스 만들기**: 차갑게 만든 중간 크기 볼에 크림을 넣고 부드러운 뿔이 형성될 때까지 휘젓습니다. 녹인 초콜릿을 붓고 잘 섞어줍니다. 냉장실에 10분 동안만 넣어둡니다(그 이상은 너무 굳어져요). 커다란 원형 깍지를 끼운 짤주머니에 담습니다.

6. 컵케이크를 가로로 반 나눕니다. 각 아래층에 커피시럽을 붓으로 바릅니다(더 강한 맛을 원하면 위층에도 바릅니다). 아래층 위에 무스 2작은술을 짭니다. 위층을 초콜릿 가나슈 글레이즈에 담갔다가 무스 위에 올립니다. 잘게 부순 커피콩으로 장식합니다. (컵케이크는 밀폐용기에 담아 최대 3일까지 냉장보관할 수 있습니다.)

Citrus Swirl Cupcakes

시트러스 스월 컵케이크

24개 분량

예쁜 파스텔 색을 품은 소프트 아이스크림 스타일, 이보다 더 사랑스러울 수 있을까요?
프로스팅을 레몬처럼 노란색, 라임처럼 초록색, 오렌지처럼 오렌지색으로 물들입니다. 이렇게 세 가지 색을 모두 만들어도 되지만 간단하게 한 가지 색으로 통일해도 됩니다. 소용돌이를 높이 띄우려면 짤주머니를 수직으로 잡고 한 번에 쭉 짜 올리면 됩니다.

컵케이크

무표백 중력분 3컵

베이킹파우더 1½작은술

코셔 소금 ¾작은술

무염버터 1½스틱(¾컵): 실온 상태

설탕 1½컵

레몬, 라임 또는 오렌지제스트 2큰술

큰 달걀 4개: 실온 상태

바닐라 엑스트랙트 2작은술

우유 1컵과 2큰술

레몬, 라임, 또는 오렌지즙 2큰술: 신선하게 짠 것

버터크림

설탕 2½컵

큰 달걀의 10개 흰자: 실온 상태

무염버터 8스틱(4컵): 작게 자른 것, 실온 상태

바닐라 엑스트랙트 2작은술

젤 식용 색소: 노랑, 라임 그린, 오렌지

1. **컵케이크 만들기**: 오븐을 175℃로 예열합니다. 12구 머핀 틀 2개에 종이 유산지 컵을 깝니다. 중간 크기 볼에 밀가루, 베이킹파우더, 소금을 넣고 섞습니다. 전동 믹서에 버터, 설탕, 시트러스 제스트를 넣고 중속과 고속 사이에서 연한 미색으로 풍성해질 때까지 휘젓습니다. 믹서를 중속으로 낮춥니다. 달걀을 한 번에 하나씩 넣고 필요에 따라 볼의 옆면을 긁어내리며 잘 저어줍니다. 바닐라를 넣고 섞습니다. 작은 볼에 우유와 시트러스즙을 넣고 젓습니다. 믹서를 저속으로 낮추고 밀가루 혼합물을 세 번으로 나누어 우유 혼합물과 번갈아 넣습니다.

2. 반죽을 준비된 컵에 4분의 3씩 채웁니다. 표면을 살짝 눌렀을 때 되돌아오는 정도까지 약 20분 동안 굽습니다. 고르게 구워지도록 중간에 머핀 틀을 앞뒤로 돌립니다. 틀을 식힘망으로 옮겨 5분 동안 식힙니다. 식힘망 위에 컵케이크를 꺼낸 후 완전히 식힙니다.

3. **버터크림 만들기**: 내열용기에 설탕과 달걀흰자를 넣고, 설탕이 녹고 달걀흰자를 만졌을 때 뜨거운 정도까지 약 3분 동안 중탕으로 녹입니다. 전동 믹서 고속에서 단단하고 윤이 나는 뿔이 형성될 때까지 약 10분 동안 휘저어 완전히 식힙니다. 속도를 중속으로 낮춥니다. 버터를 한 번에 몇 조각씩 넣으며 잘 섞어줍니다. 바닐라를 넣고 가볍게 섞습니다. 믹서를 비터로 갈아끼우고 가장 낮은 속도로 약 5분 동안 돌려 기포를 모두 제거합니다.

4. 버터크림을 6개의 작은 볼에 나누어 담습니다(한 가지 색으로 통일하고 싶으면 2개의 볼에 나누어 담습니다). 3개의 볼에 젤 색소를 한 번에 한 방울씩 떨어뜨리며 노란색, 라임 그린색, 오렌지색을 만듭니다. 각 버터크림을(플레인 버터크림 포함) 짤주머니에 담고 뾰족한 끝을 조금 잘라냅니다. 큰 짤주머니에 커다란 둥근 원형 깍지를 끼우고(아테코Ateco #808 등) 색 짤주머니 하나와 플레인 짤주머니 하나를 나란히 겹쳐서 동시에 넣습니다. 짤주머니를 세로로 곧게 세우고 나선형으로 한 번에 쭉 짜 올립니다. 특히 마지막에 힘을 빼고 재빨리 들어올립니다. (컵케이크는 밀폐용기에 담아 최대 3일까지 냉장보관할 수 있습니다. 서빙 전 실온에 꺼냅니다.)

Chocolate Pudding Cupcakes

초콜릿 푸딩 컵케이크

18개 분량

어린 시절을 회상하며 만든 컵케이크예요. 초콜릿 케이크에 크리미한 초콜릿 푸딩을 주입하고
윗면을 초콜릿 가나슈 글레이즈로 덮습니다.
토핑으로 초콜릿 컬을 올리면 완성입니다.

푸딩

설탕 ¼컵

옥수수전분 2큰술과 1작은술

무가당 더치-프로세스 코코아가루 1큰술

코셔 소금 ¼작은술

우유 1¼컵

큰 달걀 1개의 노른자

바닐라 엑스트랙트 1작은술

밀크초콜릿 85g: 굵게 자른 것(⅔컵)

컵케이크

무표백 중력분 2컵

베이킹파우더 2작은술

코셔 소금 1½작은술

무염버터 1½스틱(¾컵): 실온 상태

설탕 1⅓컵

큰 달걀 3개: 실온 상태

바닐라 엑스트랙트 1½작은술

우유 ¾컵

비터스위트 초콜릿(카카오 함량 61~70%) 142g: 녹였다가 식힌 것

초콜릿 가나슈 글레이즈(241쪽 참고)

초콜릿 ½블록: 품질 좋은 것

1. **초콜릿 푸딩 만들기**: 중간 크기 소스팬에 설탕, 옥수수전분, 코코아, 소금을 넣고 섞습니다. 우유와 달걀노른자를 넣고 섞습니다. 중강불을 켜고 계속 저으면서 걸쭉해질 때까지 약 2분 동안 끓입니다. 불을 끄고 바닐라와 굵게 자른 초콜릿을 넣고 저으면서 녹입니다. 이 혼합물을 볼에 담고 랩을 밀착시켜 덮습니다. 30분 이상 또는 하룻밤 동안 냉장실에 넣어둡니다.

2. **컵케이크 만들기**: 오븐을 175℃로 예열합니다. 12구 머핀 틀 2개에 종이 유산지 컵 18개를 깝니다. 큰 볼에 밀가루, 베이킹파우더, 소금을 넣고 섞습니다.

3. 다른 큰 볼에 버터와 설탕을 넣고 전동 믹서 중속에서 연한 미색으로 풍성해질 때까지 휘젓습니다. 달걀을 한 번에 하나씩 넣으며 잘 저어줍니다. 바닐라를 넣고 저어줍니다. 믹서를 저속으로 낮추고 밀가루 혼합물을 두 번으로 나누어 우유와 번갈아 넣는데 밀가루로 시작하고 끝을 맺습니다. 녹인 초콜릿을 넣고 잘 섞습니다.

4. 반죽을 준비된 컵에 3분의 2씩 채웁니다. 케이크 테스터로 가운데를 찔러보아 깨끗하게 나오는 정도까지 18~20분 동안 굽습니다. 팬을 식힘망으로 옮겨 5분 동안 식힙니다. 식힘망 위에 컵케이크를 꺼낸 후 완전히 식힙니다. (여기까지 만든 컵케이크는 밀폐용기에 담아 실온에서 2일까지 보관해둘 수 있습니다.)

5. 짤주머니에 지름 0.6㎝의 원형 깍지를 끼우고 푸딩을 담습니다. 컵케이크 윗면에 깍지를 찔러 넣고 푸딩이 컵케이크 위로 삐져나올 때까지 짭니다. 남은 컵케이크에도 반복합니다. 최소 30분에서 최대 1일까지 냉장실에 넣어둡니다.

6. 가나슈 2작은술을 스푼으로 떠서 각각의 컵케이크 위에 바릅니다. 초콜릿을 감자칼로 얇게 썰어 그 위에 올립니다. 최소 15분 동안 냉장실에 넣은 후 서빙합니다.

DECORATING TIP

젤-페이스트 식용
색소는 시간이 지남에
따라 진해지기 때문에
프로스팅을 밝은
색부터 물들입니다.

Succulent Matcha Cupcakes

다육이 말차 컵케이크

12개 분량

기본적인 짤주머니 기법 몇 가지를 꾸준히 연습해놓으면 녹차 케이크 위에 다육이 정원을 꾸밀 수 있어요. 192쪽의 장식 팁을 숙지하고 유산지에 먼저 연습을 해봅니다. 플라워 네일(베이킹 도구점에서 구매 가능)을 사용하면 모양이 훨씬 더 잘 나옵니다.

박력분(셀프라이징 아닌 것) 1컵

말차가루 4작은술

베이킹파우더 ½작은술

베이킹소다 ¼작은술

코셔 소금 ¼작은술

무염버터 4큰술: 실온 상태

설탕 ¾컵

큰 달걀 1개: 실온 상태

우유 ½컵

스위스 머랭 버터크림(237쪽)

젤-페이스트 식용 색소: 민트 그린, 리프 그린, 포레스트 그린, 다크 퍼플, 라이트 브라운, 피치

1. 오븐을 175℃로 예열합니다. 12구 머핀 틀에 종이 유산지 컵을 깝니다. 중간 크기 볼에 밀가루, 말차, 베이킹파우더, 베이킹소다, 소금을 넣고 섞습니다.

2. 전동 믹서에 버터와 설탕을 넣고 고속에서 연한 미색으로 풍성해질 때까지 약 3분 동안 휘젓습니다. 도중에 필요에 따라 옆면을 긁어내려줍니다. 속도를 중속으로 낮춥니다. 달걀을 넣고 가볍게 섞습니다. 저속으로 낮추고 밀가루 혼합물을 우유와 번갈아 넣으며 젓습니다.

3. 반죽을 준비된 컵에 절반씩 채웁니다. 표면을 살짝 눌렀을 때 되돌아오고 케이크 테스터로 가운데를 찔러보아 깨끗하게 나오는 정도까지 약 16분 동안 굽습니다. 고르게 구워지도록 중간에 머핀 틀을 앞뒤로 돌립니다. 틀을 식힘망으로 옮겨 5분 동안 식힙니다. 식힘망 위에 컵케이크를 꺼낸 후 완전히 식힙니다.

4. 버터크림을 5개의 볼에 나누어 담고 몇 큰술은 물들이지 않고 따로 보관해둡니다. 볼에 젤-페이스트 식용 색소를 한 번에 한 방울씩 떨어뜨리며 민트 그린, 리프 그린, 포레스트 그린, 다크 퍼플, 라이트 브라운 색을 만듭니다. (컵케이크에 바르고 싶은 색이 있으면 더 만들어도 됩니다.)

5. 별 깍지를 끼우고 다양한 굵기의 선인장 기둥을 짭니다. 아주 작은 원형 깍지를 끼우고 옆 선을 따라 흰 점을 짭니다. 아주 작은 별 깍지를 끼우고 꼭대기에 꽃을 짭니다. 자그마한 다육이들은 플라워 네일 위에 짠 다음 컵케이크 위로 옮깁니다. 192쪽에 자세한 방법이 있습니다. (컵케이크는 구운 당일 먹는 것이 가장 좋습니다.)

(192쪽에서 계속)

맞은편 사진 속 다육이들을 만드는 방법입니다. 플라워 네일이 있으면 좋습니다. 베이킹 도구점에서 팔고 저희는 #7을 사용했습니다. 플라워 네일 표면에 프로스팅을 조금 묻히고 작은 정사각형 유산지를 붙입니다. 다육이를 만든 후 플라워 네일 유산지를 살살 당겨 베이킹시트로 옮깁니다. 약 20분 동안 냉장실에 넣어둡니다. 작은 오프셋 스패출러로 떠서 컵케이크 위에 올립니다. 두 가지 색을 동시에 짜려면 짤주머니 안쪽 면에 한 가지 색의 버터크림을 길게 바른 다음 다른 색 버터크림을 담고 짭니다.

---

1. 작은 꽃잎 깍지(예: #104)를 짤주머니에 끼웁니다. 유산지 위에 조금 짜고 천천히 들어올리면서 도토리 모양을 만듭니다. 깍지의 넓은 끝은 아래로, 좁은 끝은 도토리 중심을 향하도록 도토리 끝에 깍지를 댑니다. 플라워 네일을 돌려가며 넓은 띠를 짜서 위쪽을 완전히 휘감습니다. 네일을 계속 돌리면서 점점 더 길게, 서로 겹쳐가며 짭니다.

2. 중간 꽃잎 깍지(예: #125)를 끼우고 기본 꽃잎을 짭니다. 깍지의 넓은 끝이 아래로, 좁은 끝은 약간 왼쪽으로 기울어진 상태로 짤주머니를 45도 각도로 댑니다. 좁은 끝을 오른쪽으로 회전시키면서 깍지를 앞으로 내밀었다가 다시 뒤로 빼 긴 부채 모양 잎을 만듭니다. 더 많은 잎을 동일한 기법으로 더 작게 서로 조금씩 겹쳐가며 짭니다.

3. U자 모양의 꽃잎 깍지(예: #80 또는 #81)를 끼우고 지름 1.3㎝ 동그라미를 바닥에 짭니다. U자가 위를 향하고 짤주머니를 동그라미 가장자리에 45도 각도가 되도록 잡습니다. 짤주머니를 짰다가 재빨리 잡아당깁니다. 동그라미를 돌면서 반복합니다. 첫 번째 잎 위에 3개 이상의 잎을 점점 더 짧게, 서로 겹쳐가며 짭니다.

4. 얇은 나뭇잎 깍지(예: #352)를 끼우고 플라워 네일 중앙에 작은 덩이를 짜서 밑동을 만듭니다. 깍지의 뾰족한 끝이 작은 덩이에 거의 닿을 정도로 수직으로 대고 부드럽고 일정한 힘으로 짭니다. 마지막에는 힘을 빼며 잡아당깁니다. 가운데 덩이의 아래쪽을 돌며 나뭇잎 모양 꽃잎을 더 짭니다. 위로 올라갈수록 짧게 짜서 작은 덩이 전체를 덮습니다.

5. 짤주머니에 작은 열린별 깍지(예: #199)를 끼우고 90도 각도로 잡고 일정한 힘을 주어 짭니다. 원하는 선인장 높이에서 힘을 빼고 당겨 올립니다. 가시는 아주 작은 깍지(예: #1 또는 #2)를 끼운 짤주머니에 흰색 프로스팅을 담고, 선인장 몸통의 줄 위에 작은 점을 짜서 표현합니다. 복숭아색 프로스팅을 선인장 꼭대기에 짜서 꽃을 피웁니다.

1
2
3
4
3
2
5
3
5
4
4
1
5
2

6 Celebration Cakes

축하 케이크

크리스마스 전구를 밝힐 때나 발렌타인 날 사랑을 위해 무언가를 구울 때,
생일 파티 케이크에 올릴 스프링클을 자를 때, 각각의 날을 기념하기에 좋은 디저트가 있습니다.
하나하나마다 제철의 풍미가 가득 배어 있어 축하 분위기를 띄우는 데 도움이 될 거예요.

Spring Nest Cake

봄 둥지 케이크

23㎝ 레이어 케이크 1개

파스텔 색으로 프로스팅한 케이크 위에 자리 잡은 둥지 좀 보세요. 초콜릿 둥지인데 안에는 사탕이 들어 있어요.
이 케이크라면 봄이나 부활절을 맞이하기에 충분하겠지요. 둥지는 전문 쇼콜라티에 기법으로, 베이킹 팬에 담은 보드카를 냉동실에 두었다가
그 안에 녹인 초콜릿을 원형으로 짜면 되는 겁니다. 어때요? 우리가 둥지를 지은 거예요. 어미 새들도 이렇게 쉽게 지을 수 있으면 좋을 텐데 말이죠.

버터크림

무염버터 3스틱(1½컵): 실온 상태

슈거파우더 453g: 체 친 것(약 4컵)

바닐라 엑스트랙트 ½작은술

젤-페이스트 식용 색소: 라벤더

23㎝ 레이어 케이크 2개(226쪽 믹스-앤-매치 케이크 참고)

둥지

보드카 3컵

비터스위트 초콜릿(카카오 함량 70%) 227g: 잘게 자른 것(1½컵)

사탕: 둥지 안에 넣을 용도

1. **버터크림 만들기**: 큰 볼에 버터를 넣고 전동 믹서 중속과 고속 사이에서 연한 미색으로 크리미해질 때까지 약 2분 동안 휘젓습니다. 중속으로 낮추고 슈거파우더를 한 번에 ½컵씩 넣으며 잘 저어줍니다. (두 번 넣을 때마다 고속으로 올려 10초간 휘저은 후 다시 중속으로 낮춥니다.) 바닐라를 넣고 버터크림이 부드러워질 때까지 젓습니다. 젤 색소를 한 번에 한 방울씩 떨어뜨리며 원하는 색을 만듭니다. (바로 사용하세요. 아니면 뚜껑을 덮어 냉장실에 넣었다가 3일 내에 사용합니다. 사용 전 실온으로 꺼내어 전동 믹서 저속에서 부드러워질 때까지 저어줍니다.)

2. 빵칼로 케이크 층 윗면을 평평하게 자릅니다. 케이크 스탠드에 유산지 스트립을 깔고 케이크 층 하나를 밑면이 아래로 가게 놓습니다. 그 위에 프로스팅 1컵을 골고루 펴 바릅니다. 두 번째 층은 밑면이 위를 향하도록 쌓습니다. 프로스팅을 케이크 전체에 얇게 크럼 코트하고 냉장실에 30분 동안 넣어 굳힙니다. 프로스팅 2컵을 케이크 윗면과 옆면에 골고루 펴 바릅니다. 큰 오프셋 스패출러나 벤치 스크래퍼의 모서리를 케이크 옆면에 대고 케이크 스탠드를 돌리면서 매끄럽게 바릅니다.

3. **둥지 만들기**: 20㎝ 케이크 팬에 보드카를 붓습니다. 최소 30분 동안 냉동실에 넣어둡니다. 한편 내열용기에 초콜릿을 넣고 중탕으로 저으면서 녹입니다. 살짝 식힌 후 짤주머니에 옮겨 담습니다. 짤주머니의 뾰족한 끝을 조금 잘라냅니다. 차가워진 보드카 안에 초콜릿을 원형으로 짭니다. 서너 바퀴 둥글게 돌린 후 잠시 멈추었다가 다시 짭니다. 접시에 키친타월을 깔아놓고 포크 두 개로 초콜릿 링을 들어서 옮깁니다. 남은 초콜릿으로도 반복하고 링을 겹쳐 쌓아 둥지 모양을 만듭니다. 둥지가 들어올려도 될 만큼 단단해지고 표면에 응결된 물방울이 증발할 때까지 냉장실에서 약 30분 동안 굳힙니다. 둥지를 조심스럽게 케이크 위에 올리고 둥지 안에 사탕을 넣습니다.

DECORATING TIP

둥지의 곧은 선은 원을 그릴 때 일정한 속도로 곧장 짜고, 자연에 더 가까운 구불구불한 선은 속도를 늦춰 더 천천히 짭니다.

BAKING TIP

고운 맛초가루를 선택한 이유는
일반 맛초가루보다 입자가 훨씬
작아서 시폰의 식감이 매우
부드러워지기 때문입니다.

Coconut Chiffon Cake

코코넛 시폰 케이크

25㎝ 케이크 1개

유월절을 기념하기 위한 폭신한 시폰 케이크예요. 휘핑한 달걀흰자로만 팽창시키고 버터가 아닌 코코넛 오일로 풍미를 더했어요. 프로스팅은 흐르는 점도가 좋으므로 너무 빽빽하면 전자레인지에 10초씩 돌려가며 녹입니다. 토핑으로는 구운 코코넛을 얹습니다.

고운 맛초matzo가루 ⅔컵

감자전분 ⅔컵

코셔 소금 ½작은술

큰 달걀 8개: 흰자와 노른자 분리한 것, 실온 상태

초미립 분당 1½컵

바닐라빈 1개: 길게 갈라 긁어낸 씨

비정제 버진 코코넛 오일 6큰술(85g): 녹인 것

유지방 코코넛 우유 ½컵

비터스위트 초콜릿(코코아 함량 70%) 113g: 잘게 자른 것(¾컵)

무가당 코코넛 플레이크 ¾컵: 구운 것

1. 오븐을 175℃로 예열합니다. 작은 볼에 고운 맛초가루, 감자전분, 소금을 넣고 섞습니다. 큰 볼에 달걀흰자를 넣고 전동 믹서 중속과 고속 사이에서 부드러운 뿔이 형성될 때까지 젓습니다. 설탕 ¾컵을 천천히 넣으며 단단하고 윤이 나는 뿔이 형성될 때까지 휘젓습니다.

2. 또 다른 큰 볼에 달걀노른자를 넣고 남은 설탕 ¾컵과 바닐라 씨를 추가합니다. 전동 믹서 중속과 고속 사이에서 연한 미색에 부피가 두 배 커질 때까지 약 5분 동안 휘젓습니다. 오일 3큰술을 천천히 넣고 저은 다음 코코넛 우유를 넣고 가볍게 섞습니다. 맛초 혼합물을 넣고 날가루가 보이지 않을 정도까지만 가볍게 섞습니다. 달걀흰자의 3분의 1을 넣고 저은 다음 남은 달걀흰자를 두 번으로 나누어 살살 넣고 흰자 덩어리가 없어질 때까지 가볍게 섞습니다(과도하게 젓지 마세요). 오일을 바르지 않은 25㎝ 시폰 팬(다리 있는 바닥 분리형)에 반죽을 넣고 오프셋 스패출러로 윗면을 평평하게 고릅니다.

3. 윗면이 노릇노릇해지고 케이크 테스터로 가운데를 찔러보아 깨끗하게 나오는 정도까지 40~45분 동안 굽습니다. 팬을 뒤집어 완전히 식힙니다. 만약 다리가 없는 팬이라면 튜브의 중앙을 유리병 목 위에 올려놓아 공기가 순환되게 합니다.

4. 케이크를 똑바로 세웁니다. 가늘고 날카로운 칼로 팬 가장자리 및 가운데 튜브를 한 바퀴 돌려줍니다. 가운데 튜브를 잡고 들어올려 팬의 링을 제거합니다. 팬 바닥에 칼을 끼워 한 바퀴 돌린 다음 케이크를 뒤집어 바닥을 분리합니다. 케이크 접시나 스탠드 위에 놓습니다.

5. 얼음물을 준비합니다. 남은 오일 3큰술과 초콜릿을 볼에 담고 중탕으로 저으면서 녹입니다. 불을 끄고 얼음물에 담급니다. 살짝 걸쭉해졌지만 여전히 흘려 부을 수 있을 정도까지 1~2분 동안 계속 젓습니다. 프로스팅을 윗면에 골고루 붓고 코코넛을 올립니다. 쐐기 모양으로 잘라 서빙합니다.

Banana Heart Cake

바나나 하트 케이크

12인분

마샤의 굿 띵스Martha's Good Things에 실린 아이디어를 빌려 독특한 구조의 하트를 만들었어요. 하트 모양 틀을 새로 장만할 필요 없이 평범한 20㎝ 원형 팬과 20㎝ 정사각형 팬에 바나나 케이크를 굽습니다. 둥근 케이크를 반으로 자른 후 각각의 반원을 정사각형의 인접한 두 모서리에 붙여서 하트 모양을 만듭니다. 세 가지 분홍색으로 물들인 코코넛 토핑을 올리면 마음 설레는 하트가 완성된답니다.

무염버터 1스틱(½컵)과 2큰술: 실온 상태 + 팬에 바를 약간

무표백 중력분 2컵 + 팬에 뿌릴 덧가루

베이킹파우더 1¼작은술

베이킹소다 ¾작은술

코셔 소금 ½작은술

바나나 2¼개: 중간 크기의 잘 익은 상태, 으깬 것

사워크림 3큰술

바닐라 엑스트랙트 ¾작은술

설탕 1¼컵과 2큰술

큰 달걀 3개: 실온 상태

무가당 코코넛 플레이크 4컵

가루 식용 색소 또는 러스터 더스트: 3가지 분홍색

크림치즈 프로스팅(240쪽 참고)

1. 오븐을 175℃로 예열합니다. 20㎝ 원형 케이크 팬 1개와 20㎝ 정사각형 케이크 팬 1개에 버터를 바릅니다. 팬에 유산지를 깔고 유산지에 버터를 바릅니다. 덧가루를 뿌리고 여분을 털어냅니다. 중간 크기 볼에 밀가루, 베이킹파우더, 베이킹소다, 소금을 넣고 섞습니다. 작은 볼에 으깬 바나나, 사워크림, 바닐라를 넣고 휘저은 다음 한쪽에 놓아둡니다.

2. 중간 크기 볼에 버터와 설탕을 넣고 전동 믹서 중속에서 연한 미색으로 풍성해질 때까지 3~4분 동안 휘젓습니다. 도중에 필요에 따라 볼의 옆면을 긁어내려줍니다. 달걀을 한 번에 하나씩 넣으며 젓습니다. 믹서를 저속으로 낮추고 따로 놓아둔 바나나 혼합물을 넣으며 골고루 저어줍니다. 밀가루 혼합물을 두 번으로 나누어 넣고 넣을 때마다 2~3분 동안 저어줍니다.

3. 반죽을 준비된 팬에 골고루 나누어 담고 오프셋 스패출러로 윗면을 평평하게 고릅니다. 케이크가 황갈색이 되고 케이크 테스터로 가운데를 찔러보아 깨끗하게 나오는 정도까지 30~35분 동안 굽습니다. 고르게 구워지도록 중간에 팬을 앞뒤로 돌립니다. 팬을 식힘망으로 옮겨 20분 동안 식힙니다. 식힘망 위에 케이크를 꺼낸 후 완전히 식힙니다.

4. 코코넛 플레이크를 지퍼백 3개에 골고루 나누어 담습니다. 각 지퍼백마다 가루 식용 색소 ¼작은술을 넣습니다. 입구를 닫고 흔들어 코코넛을 코팅합니다. (더욱 선명한 색을 내려면 가루 식용 색소 ¼작은술을 추가합니다.)

5. 빵칼로 원형 케이크 층을 세로로 반 잘라 2개의 반원을 만듭니다. 큰 케이크 보드, 쟁반, 또는 도마 위에 정사각형 케이크 층의 꼭짓점 하나가 자신을 향하도록 놓습니다. 다이아몬드 모양이 나올 겁니다. 다이아몬드 위쪽 두 모서리에 프로스팅 ¼컵을 바르고 반원을 붙여서 하트 모양을 만듭니다. 남은 프로스팅을 케이크 전체에 넉넉히 펴 바릅니다. 물들인 코코넛 플레이크를 윗면과 옆면에 붙여 완전히 덮습니다.

STORING TIP

랩으로 단단히 싸서 최대
3일까지 냉장보관할
수 있습니다.

Chocolate-Raspberry Cake

초콜릿-라즈베리 케이크

20㎝ 레이어 케이크 1개

의도적으로 짝을 지어 함께 사용하는 재료들이 있답니다. 초콜릿과 라즈베리도 저희가 아끼는 한 쌍의 재료로서 발렌타인데이에 특히 잘 어울리지요. 라즈베리 리큐르의 발랄함으로 반죽을 적시고 케이크가 구워지는 동안 베리로 가득 찬 달콤한 필링을 만듭니다. 결과요? 접시에 피어오른 로맨스라고나 할까요.

케이크

베지터블오일 쿠킹 스프레이

무표백 중력분 1½컵

무가당 더치-프로세스 코코아가루 ¼컵

베이킹소다 ¾작은술

코셔 소금 1작은술

무염버터 1½스틱(¾컵): 실온 상태

설탕 1¼컵

큰 달걀 3개: 실온 상태

라즈베리 리큐르 1큰술: 샹보르Chambord 또는 프랑브아즈framboise 등

버터밀크 1컵: 실온 상태

비터스위트 초콜릿(코코아 함량 61~70%) 113g: 녹였다가 식힌 것

필링

신선한 라즈베리 4팩(각 170g): 대략 6컵

설탕 ¾컵과 2큰술

코셔 소금 한 꼬집

신선한 레몬즙 2작은술: 갓 짜낸 것

초콜릿 프로스팅(240쪽 참고)

1. **케이크 만들기**: 오븐을 175℃로 예열합니다. 20×5㎝ 원형 팬 3개에 쿠킹 스프레이를 살짝 뿌립니다. 유산지를 깝니다. 큰 볼에 밀가루, 코코아, 베이킹소다, 소금을 넣고 섞습니다. 다른 큰 볼에 버터와 설탕을 넣고 전동 믹서 고속에서 연한 미색으로 풍성해질 때까지 약 3분 동안 휘젓습니다. 달걀을 한 번에 하나씩 넣으며 잘 저어줍니다. 선택사항으로 리큐르를 넣고 젓습니다. 믹서를 저속으로 낮추고 밀가루 혼합물을 세 번으로 나누어 버터밀크와 번갈아 넣는데 밀가루로 시작하고 끝을 맺습니다. 필요에 따라 볼의 옆면을 긁어내리며 골고루 섞습니다. 녹인 초콜릿을 넣고 섞습니다.

2. 반죽을 준비된 팬에 골고루 나누어 담고 오프셋 스패출러로 윗면을 평평하게 고릅니다. 케이크 테스터로 가운데를 찔러보아 깨끗하게 나오는 정도까지 약 25분 동안 굽습니다. 고르게 구워지도록 중간에 팬을 앞뒤로 돌립니다. 팬을 식힘망으로 옮겨 10분 동안 식힙니다. 작고 날카로운 칼로 케이크 둘레를 한 바퀴 돌리고 식힘망 위에 케이크를 꺼낸 후 완전히 식힙니다.

3. **필링 만들기**: 중간 크기 소스팬에 라즈베리 3컵, 설탕, 소금, 레몬즙을 넣습니다. 혼합물을 이따금씩 젓고 스푼 뒷면으로 으깨며 끓어오를 때까지 강불에서 약 2분 동안 끓입니다. 걸쭉해지고 스푼에 늘어지게 붙을 때까지 저으면서 7~8분 더 뭉근히 끓입니다. (약 1⅓컵이 나오면 됩니다.) 30분 동안 식힙니다. 라즈베리 2컵을 넣고 남은 것은 따로 보관해둡니다.

4. 빵칼로 케이크 층 윗면을 평평하게 자릅니다. 케이크 접시나 스탠드에 유산지를 깔고 케이크 층 1개를 자른 면이 위를 향하도록 놓습니다. 필링의 절반을 펴 바릅니다. 두 번째 케이크 층을 쌓고 남은 필링을 펴 바릅니다. 마지막 세 번째 케이크 층을 자른 면이 아래를 향하도록 올립니다. 케이크 윗면과 옆면에 프로스팅을 얇게 발라 크럼 코트합니다. 뚜껑을 덮어 최소 1시간에서 최대 1일까지 냉장실에 넣어둡니다. 케이크 윗면과 옆면에 프로스팅을 펴 바릅니다. 남은 라즈베리로 장식합니다.

Chocolate Heart Cupcakes

초콜릿 하트 컵케이크

12개 분량

발렌타인데이에 사랑의 메시지를 전하기 좋은 컵케이크예요. 하트로 장식하는 단계가 무척 기발합니다. 컵케이크 절반의 윗면을 하트 모양 커터로 파낸 후 바닐라 밀크 프로스팅을 짜 넣습니다. 다른 절반의 컵케이크에는 프로스팅을 바른 후 잘라낸 하트를 얹고요. 체리즙 덕분에 케이크가 한결 더 촉촉해지고 초콜릿 풍미가 깊어집니다.

무표백 중력분 1¼컵

베이킹파우더 ¾작은술

코셔 소금 ½작은술

베이킹소다 ¼작은술

설탕 ⅔컵

무가당 더치-프로세스 코코아가루 ⅓컵

세미스위트 초콜릿 56g: 잘게 자른 것(½컵)

무가당 퓨어 체리즙 또는 석류즙 ½컵

무염버터 1스틱(½컵)과 2큰술

큰 달걀 2개: 실온 상태

바닐라빈 우유 프로스팅(242쪽 참고)

1. 오븐을 163℃로 예열합니다. 12구 머핀 틀에 종이 유산지 컵을 깝니다. 중간 크기 볼에 밀가루, 베이킹파우더, 소금, 베이킹소다를 넣고 섞습니다. 큰 내열용기에 설탕, 코코아, 초콜릿을 넣고 섞습니다. 체리즙을 넣고 저어줍니다.

2. 작은 소스팬에 버터를 넣고 중불에서 녹인 다음, 거품이 사라지고 팬 바닥의 고형물이 황갈색으로 변할 때까지 약 6분 동안 뭉근히 끓입니다. 설탕 혼합물에 붓고 초콜릿이 녹을 때까지 잘 저어줍니다. 달걀을 넣고 젓습니다. 밀가루 혼합물을 넣고 골고루 섞습니다.

3. 반죽을 준비된 컵에 골고루 나누어 담습니다. 표면을 살짝 눌렀을 때 되돌아오는 정도까지 22~24분 동안 굽습니다. 틀을 식힘망으로 옮겨 5분 동안 식힙니다. 식힘망 위에 컵케이크를 꺼낸 후 완전히 식힙니다. 냉장실에 최소 2시간에서 최대 12시간까지 넣어둡니다(깔끔하게 잘릴 거예요).

4. 6개의 컵케이크 윗면에 3.8㎝ 크기의 하트 모양 커터를 눌러 2㎝ 깊이의 하트를 파내고 한쪽에 보관해둡니다. (프로스팅을 더 많이 짜 넣고 싶으면 더 깊이 파냅니다.) 짤주머니에 커다란 원형 깍지를 끼우고(예: 아테코Ateco #806) 프로스팅을 담습니다. 하트를 파낸 자리에 프로스팅을 짭니다. 나머지 컵케이크 윗면에 프로스팅 ¼컵을 골고루 짜고 따로 보관했던 하트 조각을 얹습니다. (컵케이크는 밀폐용기에 담아 실온에서 2일까지 보관할 수 있습니다.)

Citrus-and-Spice Cheesecake

시트러스-스파이스 치즈케이크

10인분

보석이 빛나는 것 같은 케이크와 함께 찬란한 새해를 맞이해보세요.
자몽과 카라카라·네이블·블러드 오렌지로 덮어주면 화려하고 화사해집니다.
과일을 썰어(조각마다 깔끔하게 속껍질을 제거해서) 색색별로 배열하면 됩니다.

무염버터 1스틱(½컵): 녹인 것 + 팬에 바를 약간

그레이엄 크래커 시트 12개: 곱게 간 것(1½컵)

설탕 1컵과 3큰술

크림치즈 2팩(각 227g): 실온 상태

사워크림 ½컵: 실온 상태

생강가루 1작은술

올스파이스가루 ⅛작은술

코셔 소금 한 꼬집

큰 달걀 2개: 살짝 저어서 푼 것, 실온 상태

시트러스 믹스: 자몽, 카라카라 오렌지, 네이블 오렌지, 블러드 오렌지 등

무향 젤라틴 1¼작은술(1봉에서)

신선한 레몬즙 ¼컵(레몬 2개에서 추출)

1. 오븐을 175℃로 예열합니다. 25㎝ 스프링폼 팬에 버터를 바릅니다. 볼에 잘게 부순 그레이엄 크래커, 설탕 2큰술, 녹인 버터를 넣고 섞은 다음 팬 바닥에 꾹꾹 누르며 깝니다. 단단해질 때까지 약 10분 동안 굽습니다. 팬을 식힘망으로 옮겨 완전히 식힙니다. 오븐 온도를 163℃로 낮춥니다.

2. 물 한 주전자를 끓입니다. 전동 믹서에 크림치즈와 사워크림을 넣고 중속에서 부드러워질 때까지 휘젓습니다. 설탕 ¾컵, 생강, 올스파이스, 소금을 넣고 잘 섞습니다. 달걀을 넣으며 부드러워질 때까지 저어줍니다.

3. 스프링폼 팬 겉면을 절반 높이까지 포일로 감쌉니다. 로스팅 팬 안에 스프링폼 팬을 놓고 필링을 크러스트 위에 붓습니다. 팬을 오븐에 넣습니다. 끓는 물을 스프링폼 팬의 절반 높이까지 로스팅 팬에 조심스럽게 붓습니다. 케이크 가운데가 단단해지기 시작할 때까지 35~40분 동안 굽습니다. 팬을 식힘망으로 옮기고 완전히 식힙니다. 냉장실에 넣고 최소 1시간에서 최대 1일까지 단단하게 굳힙니다.

4. **슈프림 시트러스**: 과일을 도마에 올리고 날카로운 칼로 양끝을 잘라냅니다. 단면을 대고 과일을 세웁니다. 과일 곡면을 따라 위쪽부터 겉껍질과 속껍질을 제거합니다. 밑에 중간 크기 볼을 받쳐 흐르는 즙을 받아내며, 속껍질 사이를 조심스럽게 잘라 과육을 분리합니다. 남은 속껍질도 짜서 즙을 받아내고 다른 용도에 쓰도록 보관해둡니다. 속껍질은 버립니다.

5. 작은 볼에 찬물을 담고 젤라틴 ¼컵을 뿌립니다. 부드러워질 때까지 약 1분 동안 놓아둡니다. 한편 작은 소스팬에 남은 설탕 ⅓컵, 레몬즙, 물 1컵을 넣고 중불에서 설탕이 녹을 때까지 저으면서 끓입니다. 불을 끈 후 젤라틴을 넣고 저으면서 녹입니다.

6. 시트러스 조각을 케이크 위에 배열합니다. 젤라틴 혼합물을 윗면에 살살 붓습니다. 하룻밤 냉장보관합니다.

7. 팬을 분리하고 치즈케이크를 꺼내 쟁반에 놓습니다. 시트러스 부분은 빵칼로 톱질하듯이 자르고 한 번 자를 때마다 칼을 닦습니다. 서빙합니다.

Coffee-Caramel Swiss Roll

커피-캐러멜 스위스 롤

8~10인분

다른 스위스 롤과 마찬가지로 이 뷔슈 드 노엘bûche de Noël도 시작은 스폰지 케이크랍니다.
저희는 케이크에 에스프레소 시럽을 발라 향을 돋우고 캐러멜 필링을 넉넉히 발라 쉽게 말리게 했어요.
7분 프로스팅을 바르고 길게 무늬를 찍은 후 주방용 토치로 그을려 장작처럼 표현합니다.

케이크

홍화씨 오일 ¼컵 + 팬에 바를 약간

박력분(셀프라이징 아닌 것) 1¼컵

코셔 소금 ½작은술

베이킹파우더 1¼작은술

뜨거운 물 ⅓컵

그래뉴당 ¾컵

큰 달걀 5개: 흰자와 노른자 분리한 것, 실온 상태

바닐라 엑스트랙트 1작은술

타르타르 크림 약간

슈거파우더: 체 친 것, 장식용

시럽

그래뉴당 ¼컵

인스턴트 에스프레소가루 1큰술

필링

그래뉴당 6큰술

코셔 소금 ¼작은술

헤비크림 1½컵

7분 프로스팅(238쪽 참고)

1. **케이크 만들기**: 오븐을 175℃로 예열합니다. 32×45㎝ 크기의 테두리가 있는 베이킹시트에 붓으로 오일을 바릅니다. 유산지를 깔고 유산지에 오일을 바릅니다.

2. 중간 크기 볼에 밀가루, 소금, 베이킹파우더를 넣고 섞습니다. 큰 내열용기에 뜨거운 물과 그래뉴당 ½컵을 넣고 저으면서 녹입니다. 여기에 오일을 넣고 섞은 다음 달걀노른자와 바닐라를 넣고 부드러워질 때까지 젓습니다. 밀가루 혼합물을 설탕 혼합물에 넣고 날가루가 보이지 않을 정도로만 가볍게 섞습니다. 큰 볼에 달걀흰자를 넣고 전동 믹서 중속과 저속 사이에서 거품이 날 때까지 젓습니다. 타르타르 크림을 넣고 중속과 고속 사이로 높여 부드러운 뿔이 형성될 때까지 휘젓습니다. 남은 그래뉴당 ¼컵을 천천히 넣으며 단단하고 윤이 나는 뿔이 형성될 때까지 계속 젓습니다. 달걀흰자 혼합물의 3분의 1을 반죽에 넣고 섞습니다. 남은 달걀흰자 반죽을 살포시 넣고 흰자 덩어리가 없어질 때까지 가볍게 젓습니다. 반죽을 준비된 시트로 옮기고 오프셋 스패출러로 가장자리까지 평평하게 펼칩니다.

3. 연한 갈색으로 변하고 가장자리가 팬에서 분리되며 표면을 살짝 눌렀을 때 되돌아오는 정도까지 17~19분 동안 굽습니다. 시트를 식힘망으로 옮겨 5분 동안 식힙니다. 한편 깨끗한 면보 위에 슈거파우더를 넉넉히 뿌립니다. 면보 위에 케이크를 뒤집어 꺼내고 유산지를 제거합니다. 슈거파우더를 더욱 넉넉히 뿌립니다. 짧은 쪽에서부터 면보와 함께 둘둘 말아줍니다. 약 1시간 동안 완전히 식힙니다.

(210쪽에서 계속)

BAKING TIP
케이크가 갈라지는 것을 막으려면 아직 따뜻하고 말랑할 때 면보에 슈거파우더(스위스 롤이 초콜릿이면 코코아가루)를 뿌린 후 함께 말아줍니다.

4. **시럽 만들기**: 작은 소스팬에 그래뉴당과 물 3큰술을 넣고 녹을 때까지 저으면서 끓입니다. 불을 끈 후 에스프레소가루를 넣고 녹입니다(거품이 생길 것임). 내열용기로 옮겨 담고 냉장실에 넣어 30분 동안 차갑게 식힙니다.

5. **필링 만들기**: 얼음물을 준비합니다. 중간 크기 소스팬에 그래뉴당, 물 1큰술, 소금을 넣고 섞습니다. 중불에서 이따금씩 저으며 혼합물이 끓어오르고 설탕이 녹을 때까지 약 5분 동안 끓입니다. 뚜껑을 덮지 않고 젓지 않으며 진한 호박색이 될 때까지 3~5분 더 끓입니다. 불을 끕니다. 크림을 천천히 일정한 흐름으로 조심스럽게 붓습니다(튈 수 있음). 다시 중불에서 부드러워질 때까지 저으며 끓인 후 얼음물에 고정시켜놓은 볼에 옮겨 담습니다. 약 30분 동안 서너 번 저어주고 그대로 놓아둡니다. 얼음물에서 꺼내 단단한 뿔이 형성될 때까지 휘젓습니다.

6. 말아놓은 케이크를 펼칩니다. 남은 설탕을 위에서부터 붓으로 바르고 에스프레소 시럽을 골고루 바릅니다. 필링을 덩어리로 떨어뜨리고 테두리 1.3㎝를 남겨둔 채 오프셋 스패출러로 펼칩니다. 짧은 쪽부터 케이크를 맙니다(면보 없이). 면보로 케이크 롤을 감싸고 원기둥 모양이 풀어지지 않도록 이음새가 바닥에 닿게 베이킹시트에 놓습니다. 필링이 굳을 때까지 최소 8시간에서 최대 1일까지 냉장실에 넣어둡니다.

7. 면보를 벗기고 서빙 쟁반에 놓습니다. 윗면과 옆면에 프로스팅을 골고루 바릅니다. (프로스팅을 바른 케이크는 자르고 서빙하기 전에 아무것도 덮지 않고 3시간까지 냉장보관할 수 있습니다.) 주방용 토치를 앞뒤로 움직이며 머랭을 황갈색으로 그을립니다. 동그랗게 잘라 서빙합니다.

Disco Angel Cake

디스코 앤젤 케이크

25㎝ 케이크 1개

앤젤 푸드 케이크가 그다지 천사 같지 않을 때는 언제일까요? 두 종류의 초콜릿을 넣고 분홍색과 금색으로 꾸민 이 케이크는 어때 보이나요? 초코 맛이 진하면서도 질감은 여전히 가벼운 이 케이크는 달걀흰자로 부풀린 반죽에 코코아가루를 섞고 비터스위트 초콜릿 프로스팅을 바른 거랍니다. 마무리로 구슬 스프링클, 슈거 펄, 별 및 스프링클을 조금씩 뿌려주세요.

무가당 더치-프로세스 코코아가루 ¼컵

인스턴트 에스프레소가루 1½작은술

끓는 물 ¼컵

바닐라 엑스트랙트 1큰술

설탕 1¾컵

박력분(셀프라이징 아닌 것) 1컵

코셔 소금 ½작은술

큰 달걀 16개의 흰자: 실온 상태

타르타르 크림 1½작은술

더블 초콜릿 프로스팅(241쪽 참고)

다양한 식용 구슬 스프링클, 드라제, 스프링클, 골드 더스트: 장식용

1. 오븐을 175℃로 예열합니다. 작은 볼에 코코아, 에스프레소, 끓는 물을 넣고 부드러워질 때까지 젓습니다. 바닐라를 넣고 젓습니다. 중간 크기 볼에 설탕 ¾컵, 박력분, 소금을 넣고 섞습니다.

2. 큰 볼에 달걀흰자를 넣고 전동 믹서 중속과 저속 사이에서 거품이 생길 때까지 약 2분 동안 휘젓습니다. 타르타르 크림을 넣고 중속으로 높여 부드러운 뿔이 형성될 때까지 2~3분 동안 휘젓습니다. 고속으로 높이고 남은 설탕 1컵을 천천히 넣으며 단단하고 윤이 나는 뿔이 형성될 때까지 약 5분 동안 휘젓습니다. 머랭을 1컵 가득 떠서 코코아 혼합물에 섞은 다음 한쪽에 놓아둡니다.

3. 머랭을 큰 볼에 살살 옮겨 담습니다. 밀가루 혼합물을 ¼컵씩 머랭 위에 체 쳐 넣고 고무 스패출러로 살살 저으며 날가루가 보이지 않을 정도로만 가볍게 섞습니다. 코코아-머랭 혼합물을 넣고 흰자 덩어리가 없어질 때까지 골고루 섞습니다. 오일을 바르지 않은 25㎝ 튜브 팬에 반죽을 붓습니다. 작은 오프셋 스패출러를 반죽에 꽂고 이리저리 휘저어 기포를 없앤 다음 윗면을 평평하게 고릅니다. 표면을 살짝 눌렀을 때 되돌아오고 케이크 테스터로 가운데를 찔러보아 깨끗하게 나오는 정도까지 약 40분 동안 굽습니다. 팬을 뒤집은 상태로 케이크를 완전히 식힙니다. 팬 안쪽 벽과 튜브 바깥을 얇은 칼로 한 바퀴 돌려 케이크를 분리합니다.

4. 빵칼로 케이크를 가로로 반 자릅니다. 케이크 스탠드에 바닥 층을 놓습니다. 오프셋 스패출러로 프로스팅 ¾컵을 골고루 펴 바릅니다. 두 번째 층을 쌓습니다. 남은 프로스팅을 케이크 윗면과 옆면에 바르고 오프셋 스패출러로 표면을 매끄럽게 다지거나 S자로 휘저어 무늬를 냅니다. 식용 구슬 스프링클, 드라제, 스프링클, 골드 더스트로 장식합니다. 바로 서빙합니다.

Sprinkle Cake

스프링클 케이크

20㎝ 케이크 1개

홈메이드 "콘페티"를 안에도 넣고 밖에도 뿌린 이 3단 케이크와 함께 생일 소원을 빌어보세요.
그리고 이번 기회에 스프링클을 제일 첫 단계부터 직접 만들어보세요. 원하는 색과 단순하면서도
깔끔한 맛(기본적으로 설탕과 바닐라)으로 만들 수 있습니다.

케이크

무염버터 1½스틱(¾컵): 실온 상태 + 팬에 바를 약간

무표백 중력분 3컵

베이킹파우더 1½큰술

코셔 소금 ¾작은술

그래뉴당 2¼컵

큰 달걀 4개: 실온 상태

바닐라 엑스트랙트 1½작은술

우유 1½컵

홈메이드 스프링클 ¾컵(244쪽 참고) + 장식용 약간

프로스팅

무염버터 2스틱(1컵): 실온 상태

오렌지 1개의 제스트

슈거파우더 6~8컵: 체 친 것

우유 ½컵

바닐라 엑스트랙트 1큰술

1. **케이크 만들기**: 오븐을 175℃로 예열합니다. 20㎝ 원형 케이크 팬 3개에 버터를 바릅니다. 팬에 유산지를 깔고 유산지에 버터를 바릅니다. 덧가루를 뿌리고 여분을 털어냅니다. 큰 볼에 밀가루, 베이킹파우더, 소금을 넣고 섞습니다.

2. 중간 크기 볼에 버터와 설탕을 넣고 전동 믹서 중속과 고속 사이에서 연한 미색으로 풍성해질 때까지 3~5분 동안 휘젓습니다. 달걀을 한 번에 하나씩 넣고 필요에 따라 볼의 옆면을 긁어내리며 잘 저어줍니다. 바닐라를 넣고 젓습니다. 믹서를 저속으로 낮추고 밀가루 혼합물을 두 번으로 나누어 우유와 번갈아 넣습니다. 날가루가 보이지 않을 정도로만 가볍게 섞습니다. 고무 스패출러로 스프링클을 반죽에 넣고 섞습니다.

3. 반죽을 준비된 팬에 골고루 나누어 담고 오프셋 스패출러로 윗면을 평평하게 고릅니다. 케이크가 노릇노릇해지고 케이크 테스터로 가운데를 찔러보아 깨끗하게 나오는 정도까지 33~35분 동안 굽습니다. 팬을 식힘망으로 옮겨 15분 동안 식힙니다. 식힘망에 케이크를 꺼내어 완전히 식힙니다.

4. **프로스팅 만들기**: 중간 크기 볼에 버터와 오렌지제스트를 넣고 전동 믹서 중속과 고속 사이에서 부드러워질 때까지 약 3분 동안 휘젓습니다. 저속으로 낮추고 슈거파우더 6컵을 천천히 넣고 우유 및 바닐라도 넣으며 부드러워질 때까지 젓습니다. 속도를 중속과 고속 사이로 높이고 연한 미색으로 풍성해질 때까지 3~5분 동안 휘젓습니다. 단단하면서도 풍성해질 때까지 2컵 이내의 슈거파우더를 필요한 만큼 천천히 추가합니다.

5. 케이크 보드나 스탠드에 버터크림을 조금 묻혀 케이크 층 1개를 고정시킵니다. 오프셋 스패출러로 프로스팅 1컵을 골고루 펴 바릅니다. 스프링클 2큰술을 뿌립니다. 이 과정을 반복하고, 마지막 세 번째 케이크 층은 밑면이 위를 향하도록 얹습니다. 케이크 윗면과 옆면에 프로스팅을 얇게 발라 크림 코트합니다. 약 15분 동안 냉장실에 넣어둡니다. 남은 버터크림으로 케이크 윗면과 옆면을 프로스팅합니다. 케이크를 냉장실에 넣고 15~30분 동안 차갑게 굳힙니다. 마무리 작업으로 남은 스프링클을 한 손 가득 들고 케이크 옆면에 살짝 눌러 붙입니다. (남은 케이크는 냉장실에서 최대 3일까지 보관할 수 있습니다. 서빙 전 실온에 꺼내둡니다.)

DECORATING TIP

홈메이드 스프링클의
색을 파티 장소의
색상과 맞춥니다.

Cranberry-Swirl Cheesecake

크랜베리-스월 치즈케이크

10인분

추수감사절이 오면 가을의 고즈넉함이 담긴 치즈케이크를 구워봅니다.
제철에 수확한 크랜베리로 만든 소스(홈메이드 또는 시판)가 제격이지요.
전날 미리 만들어서 차갑게 굳을 시간을 충분히 확보하는 것이 좋아요.

그레이엄 크래커 시트 8개: 잘게 부순 것

무염버터 2큰술: 녹인 것

설탕 1¼컵과 2큰술

크림치즈 4팩(각 227g): 실온 상태

코셔 소금 ¼작은술

바닐라 엑스트랙트 1작은술

큰 달걀 4개: 실온 상태

홀-크랜베리 소스 1컵

1. 오븐을 175℃로 예열합니다. 23㎝ 스프링폼 팬 겉면을(바닥 포함) 두 겹의 포일로 감쌉니다.

2. 그레이엄 크래커를 푸드 프로세서의 펄스 기능으로 곱게 갑니다. 버터와 설탕 2큰술을 넣고 젖은 모래 질감이 될 때까지 펄스 기능으로 섞습니다. 준비된 팬 바닥에 꾹꾹 누르며 깝니다. 반죽이 단단해지면서 약간 진한 색으로 변할 때까지 10~12분 동안 굽습니다. 팬을 식힘망으로 옮겨 완전히 식힙니다.

3. 오븐을 163℃로 낮춥니다. 물 한 주전자를 끓입니다. 전동 믹서에 크림치즈를 담고 중속에서 연한 미색으로 풍성해질 때까지 2~3분 동안 휘젓습니다. 남은 설탕 1¼컵을 천천히 일정한 흐름으로 넣습니다. 소금과 바닐라를 넣고 섞습니다. 달걀을 한 번에 하나씩 넣고 옆면을 긁어내리며 가볍게 저어줍니다(과도하게 젓지 마세요). 크고 얕은 로스팅 팬에 스프링폼 팬을 놓습니다. 필링을 크러스트 위에 붓습니다. 크랜베리 소스를 한 번에 1작은술씩 필링 위에 떨어뜨립니다. 꼬치나 이쑤시개를 꽂고 이리저리 움직여 무늬를 냅니다.

4. 로스팅 팬을 오븐 안에 넣습니다. 끓는 물을 스프링폼 팬의 절반 높이까지 차오르도록 로스팅 팬에 조심스럽게 붓습니다. 단단하지만 가운데는 살짝 일렁일 때까지 약 1시간 15분 동안 굽습니다.

5. 팬을 식힘망으로 옮기고 완전히 식힙니다. 냉장실에 아무 것도 씌우지 않고 6시간 동안 넣어두거나 느슨하게 덮고 1일 동안 넣어둡니다. 칼로 케이크 가장자리를 한 바퀴 돌린 후 틀을 분리합니다. 치즈케이크를 접시로 옮겨 서빙합니다.

Pumpkin Snacking Cake

호박 스낵 케이크

12~16인분

추수감사절을 기념하여 집에서 많은 손님을 치를 때 한 손에 들고 가볍게 먹을 수 있는 스낵 케이크를 준비해보세요. 계절이 계절이니만큼 호박 맛으로요. 크림치즈 프로스팅이 매우 잘 어울리지만 아주 간단하게 계피-설탕(계피 ½작은술과 설탕 ¼컵 섞음)만 뿌려도 좋습니다.

무염버터: 팬에 바를 약간

무표백 중력분 1½컵 + 팬에 뿌릴 덧가루

설탕 1½컵

베이킹파우더 1작은술

베이킹소다 ½작은술

계피가루 1½작은술

생강가루 ¾작은술

넛멕가루 ½작은술

정향가루 ⅛작은술

올스파이스가루 ⅛작은술

코셔 소금 ½작은술

호박 퓨레 1캔(425g)

큰 달걀 4개: 실온 상태

홍화씨 오일 ½컵

크림치즈 프로스팅(240쪽 참고)

호두 ½컵: 굵게 다져 구운 것(선택, 팁 참고)

1. 오븐을 175℃로 예열합니다. 23×33㎝ 베이킹 팬에 버터를 바릅니다. 덧가루를 뿌리고 여분을 털어냅니다. 중간 크기 볼에 밀가루, 설탕, 베이킹파우더, 베이킹소다, 계피, 생강, 넛멕, 정향, 올스파이스, 소금을 넣고 섞습니다.

2. 큰 볼에 호박 퓨레, 달걀, 오일을 넣고 젓습니다. 밀가루 혼합물을 호박 혼합물에 넣고 잘 저어 줍니다(되직하고 부드러워야 함). 반죽을 준비된 팬에 골고루 나누어 담고 오프셋 스패출러로 윗면을 평평하게 고릅니다.

3. 황갈색으로 변하고 케이크 테스터로 가운데를 찔러보아 깨끗하게 나오는 정도까지 30~35분 동안 굽습니다. 팬을 식힘망으로 옮겨 15분 동안 식힙니다. 식힘망 위에 케이크를 꺼내어 완전히 식힙니다.

4. 서빙 쟁반으로 옮깁니다. 식은 케이크 위에 오프셋 스패출러로 프로스팅을 골고루 펴 바릅니다. 잘게 다진 호두를 올려 완성합니다.

BAKING TIP

케이크를 식히는 동안 다진 호두를 굽습니다. 테두리가 있는 베이킹시트 위에 한 겹으로 펼쳐놓습니다. 175℃로 예열한 오븐에서 향이 올라올 때까지 약 6분 동안 굽습니다.

DECORATING TIP
아몬드 페이스트로
라즈베리 버섯의
줄기와 밤 도토리의
뚜껑을 만듭니다.

Holiday Yule Log

홀리데이 율 로그

20㎝ 레이어 케이크 1개

뷔슈 드 노엘bûche de Noël을 귀여운 그루터기로 색다르게 표현해보았어요. 화려한 짤주머니 기술은 필요하지 않습니다.
나무껍질은 오프셋 스패출러를 세로로 들고 프로스팅을 누르며 끌어올려 표현하고
나이테는 프로스팅을 소용돌이 모양으로 돌려 표현합니다.

케이크

무염버터 1½스틱(¾컵): 실온 상태 + 여분

무표백 중력분 1½컵 + 여분

베이킹파우더 2작은술

코셔 소금 1¼작은술

밤 2컵: 껍질 벗겨 구운 것

골든 럼 2큰술

눌러 담은 황설탕 1컵

그래뉴당 ¾컵

바닐라 엑스트랙트 1큰술

큰 달걀 5개: 흰자와 노른자 분리한 것, 실온 상태

프로스팅

무염버터 4스틱(2컵): 실온 상태

슈거파우더 5컵

바닐라 엑스트랙트 1작은술

코셔 소금 한 꼬집

밤 2컵: 껍질 벗겨 구운 것

골든 럼 3큰술

비터스위트 초콜릿(코코아 함량 61~70%) 113g: 녹여서 식힌 것

무가당 더치-프로세스 코코아가루 2큰술

장식(팁 참고)

1. **케이크 만들기**: 오븐을 190℃로 예열합니다. 20㎝ 원형 케이크 팬 3개에 버터를 바릅니다. 팬 바닥에 유산지를 깔고 유산지에 버터를 바릅니다. 덧가루를 뿌리고 여분을 털어냅니다. 중간 크기 볼에 밀가루, 베이킹파우더, 소금을 넣고 섞습니다.

2. 푸드 프로세서에 밤, 럼주, 물 2큰술을 넣고 갈아 퓨레를 만듭니다. 두 가지 설탕을 넣고 푸드 프로세서로 섞습니다. 버터와 바닐라를 넣고 섞은 다음 달걀노른자를 넣고 섞습니다. 밤 혼합물을 큰 볼로 옮기고 밀가루 혼합물을 넣고 젓습니다. 다른 큰 볼에 달걀흰자를 넣고 전동 믹서로 부드러운 뿔이 형성될 때까지 휘젓습니다. 반죽 속에 넣습니다.

3. 반죽을 준비된 팬에 골고루 나누어 담고 오프셋 스패출러로 윗면을 평평하게 고릅니다. 케이크 테스터로 가운데를 찔러보아 깨끗하게 나오는 정도까지 20~25분 동안 굽습니다. 팬을 식힘망으로 옮겨 10분 동안 식힙니다. 식힘망 위에 케이크를 꺼낸 후 완전히 식힙니다.

4. **프로스팅 만들기**: 전동 믹서에 버터를 넣고 중속과 고속 사이에서 연한 미색으로 크리미해질 때까지 약 2분 동안 휘젓습니다. 슈거파우더를 한 번에 ½컵씩 넣고 필요에 따라 볼의 옆면을 긁어내리며 잘 저어줍니다. 바닐라와 소금을 넣고 섞습니다. 2개의 볼에 골고루 나누어 담습니다.

5. 푸드 프로세서에 밤과 럼주를 넣고 갈아 매끄러운 퓨레를 만듭니다. 프로스팅을 담은 볼에 넣고 젓습니다. (프로스팅이 약간 분리된 것처럼 보이면 차갑게 굳혔다가 저어서 사용합니다.) 녹인 초콜릿과 코코아를 다른 프로스팅 볼에 넣습니다.

6. 케이크 턴테이블이나 스탠드 위에 케이크 층을 올립니다. 첫 번째 케이크 층 위에 밤 프로스팅 ¾컵을 펴 바릅니다. 두 번째 층을 쌓고 밤 프로스팅 ¾컵을 펴 바릅니다. 마지막 층을 얹습니다. 윗면과 옆면에 밤 프로스팅 1컵을 바르고 30분 동안 냉장실에 넣어둡니다. 초콜릿 프로스팅을 바른 다음 옆면은 작은 오프셋 스패출러로 프로스팅을 누르면서 위로 끌어올리고 윗면은 빙글빙글 돌려 나이테를 표현합니다. 냉장실에 최소 30분에서 최대 3일 동안 넣어둡니다. 서빙 전 실온에 꺼내어 원하는 대로 장식합니다.

Pavlova Wreath

파블로바 화환

10인분

이 화려한 디저트는 사실 연말 홀리데이 시즌에 부엌에 있는 재료로 매우 간단하게 만들어낼 수 있어요. 먼저 머랭을 큰 깍지 또는 별깍지를 끼운 짤주머니에 넣습니다. 그리고 1인분 크기의 퍼프를 화환처럼 짜서 굽습니다. 마지막으로 새콤한 요거트-크림을 올리고 제철 과일로 환하게 밝히면 됩니다.

큰 달걀 6개의 흰자: 실온 상태

설탕 2컵과 1큰술 + 과일을 굴릴 약간

화이트 증류 식초 1큰술

옥수수전분 1작은술

바닐라 엑스트랙트 1작은술

크랜베리 1½컵: 신선한 것 또는 냉동제품을 약간 녹인 것

유지방 스퀴르skyr 또는 그릭요거트 1¼컵

헤비크림 ½컵

석류씨, 레드커런트, 민트 잎: 장식용

1. 오븐을 120℃로 예열합니다. 유산지에 25㎝의 원을 연필로 그립니다. 이 원 가운데에 13㎝의 작은 원을 그립니다. 그린 면을 뒤집어 베이킹시트 위에 놓습니다.

2. 큰 볼에 달걀흰자를 넣고 전동 믹서 중속과 고속 사이에서 부드러운 뿔이 형성될 때까지 휘젓습니다. 설탕 1½컵을 천천히 넣으면서 단단한 뿔이 형성될 때까지 휘젓습니다. 식초, 옥수수전분, 바닐라를 넣고 섞습니다.

3. 큰 짤주머니에 큰 플레인 깍지(예: 아테코Ateco #808)를 끼우고 혼합물을 옮겨 담습니다. 유산지에 그린 원을 따라 10개의 덩이를(각각 지름 5.6㎝, 높이 5㎝) 일정한 간격으로 짭니다. 각 덩이를 스푼 뒷면으로 눌러 홈을 팝니다. 링이 유산지에서 쉽게 떨어질 때까지 약 1시간 10분 동안 굽습니다. 오븐을 끄고(오븐 문은 열지 마세요) 오븐 안에 1시간 동안 놓아둡니다.

4. 작은 소스팬에 설탕 ½컵과 물 ½컵을 넣고 끓입니다. 크랜베리를 넣고 다시 끓어오르면 불을 줄여 2분 정도 뭉근히 끓입니다. 불을 끄고 액체 상태로 식힙니다. 크랜베리를 체에 거르고 식힘망으로 옮깁니다. 30분 동안 말립니다. 베리 3큰술을 각각 설탕에 굴려 코팅합니다.

5. 중간 크기 볼에 스퀴르를 담고 헤비크림과 남은 설탕 1큰술을 넣은 후 매끄러워질 때까지 휘젓습니다. 파블로바의 홈에 똑같이 나누어 넣습니다. 설탕을 입힌 크랜베리와 입히지 않은 크렌베리, 석류씨, 커런트, 민트 잎으로 장식합니다.

SERVING TIP
과일은 계절이나
홀리데이 특성에
따라 신선한
베리나 시트러스로
바꾸어도 됩니다.

7

Baking Basics

베이킹 기초

안정적인 케이크 레시피, 맛있는 프로스팅과 필링 및 환상적인 장식 기법에 이르기까지,
베이킹을 하는 사람이라면 누구나 자신만의 레퍼토리가 필요하지요.
이번 장에서 여러분에게 맞는 것이 있는지 보고 새롭게 추가해보세요.

Mix-and-Match Cakes

믹스-앤-매치 케이크

기본적인 케이크 레시피들과 여러분이 좋아하는 프로스팅(237~242쪽)을 서로 조합하여 재창조해보세요.
베이직 초콜릿 케이크를 모조석 케이크(22쪽)와 스프링 네스트 케이크(196쪽)의 베이스로 사용하거나,
수채화 케이크의 화이트 케이크 층(41쪽)을 부드러운 레몬 케이크와 바꾸는 식이에요. 맛있는 선택지는 무한합니다.

각 레시피의 분량은 다음 중 하나에 해당합니다.
20㎝ 원형 케이크 층 3개 / 23㎝ 원형 케이크 층 2개 / 23×33㎝ 시트 케이크 1개 / 컵케이크 36~48개

Classic White Cake

클래식 화이트 케이크

무염버터 3스틱(1½컵): 실온 상태 + 팬에 바를 약간

박력분(셀프라이징 아닌 것) 3컵 + 팬에 뿌릴 덧가루

베이킹파우더 2작은술

코셔 소금 1작은술

바닐라 엑스트랙트 ½작은술

우유 1컵

설탕 2¼컵

큰 달걀 8개의 흰자: 실온 상태

1. 오븐을 175℃로 예열합니다. 케이크 팬에 버터를 바르고 유산지를 깝니다. 유산지에 버터를 바릅니다. 덧가루를 뿌리고 여분을 털어냅니다. 컵케이크의 경우 머핀 틀에 종이 유산지 컵을 깝니다.

2. 중간 크기 볼에 밀가루, 베이킹파우더, 소금을 넣고 섞습니다. 작은 볼에 바닐라와 우유를 넣고 섞습니다. 전동 믹서에 버터를 넣고 부드러워질 때까지 중속에서 약 2분 동안 휘젓습니다. 설탕 2컵을 천천히 넣으며 연한 미색으로 풍성해질 때까지 3~5분 동안 휘젓습니다. 믹서를 저속으로 낮추고 밀가루 혼합물을 세 번으로 나누어 우유 혼합물과 번갈아 넣는데 밀가루로 시작하고 끝을 맺습니다. 날가루가 보이지 않을 정도로만 가볍게 섞습니다(과도하게 젓지 마세요).

3. 깨끗한 큰 볼에 달걀흰자를 넣고 전동 믹서 중속에서 거품이 생길 때까지 약 3분 동안 휘젓습니다. 남은 설탕 ¼컵을 천천히 부으며 단단하고 윤이 나는 뿔이 형성될 때까지 고속에서 약 4분 동안 휘젓습니다. 달걀흰자를 위의 반죽에 세 번으로 나누어 넣고 부드럽게 섞습니다.

4. 반죽을 준비된 팬에 골고루 나누어 담고 오프셋 스패출러로 윗면을 평평하게 고릅니다. 표면을 살짝 눌렀을 때 되돌아오고 케이크 테스터로 가운데를 찔러보아 깨끗하게 나오는 정도까지 굽습니다(아래 권장 시간 참고). 팬을 식힘망으로 옮겨 15분 동안 식힙니다. 식힘망 위에 케이크나 컵케이크를 꺼낸 후 완전히 식힙니다.

20㎝ 원형 케이크 층: 약 25분
23㎝ 원형 케이크 층: 25~30분
23×33㎝ 시트 케이크: 45~50분
컵케이크: 약 18분

Yellow Butter Cake

옐로 버터 케이크

무염버터 3스틱(1½컵): 실온 상태 + 팬에 바를 약간

박력분(셀프라이징 아닌 것) 4컵 + 팬에 뿌릴 덧가루

베이킹파우더 1큰술

코셔 소금 ¼작은술

설탕 3컵

바닐라 엑스트랙트 1큰술

큰 달걀 6개: 실온 상태

우유 1½컵

1. 오븐을 175℃로 예열합니다. 케이크 팬에 버터를 바르고 유산지를 깝니다. 유산지에 버터를 바릅니다. 덧가루를 뿌리고 여분을 털어냅니다. 컵케이크의 경우 머핀 틀에 종이 유산지 컵을 깝니다.

2. 중간 크기 볼에 밀가루, 베이킹파우더, 소금을 체 칩니다. 전동 믹서에 버터와 설탕을 넣고 연한 미색으로 풍성해질 때까지 중속에서 3~5분 동안 휘젓습니다. 바닐라를 넣은 다음 달걀을 한 번에 하나씩 넣고 필요에 따라 볼의 옆면을 긁어내리며 잘 저어줍니다.

3. 믹서를 저속으로 낮추고 밀가루 혼합물을 세 번으로 나누어 우유와 번갈아 넣는데 밀가루로 시작하고 끝을 맺습니다. 부드러워질 때까지 볼의 바닥을 긁으며 섞습니다.

4. 반죽을 준비된 팬에 골고루 나누어 담고 오프셋 스패출러로 윗면을 평평하게 고릅니다. 케이크 테스터로 가운데를 찔러보아 깨끗하게 나오는 정도까지 굽습니다(아래 권장 시간 참고). 팬을 식힘망으로 옮겨 15분 동안 식힙니다. 식힘망 위에 케이크나 컵케이크를 꺼낸 후 완전히 식힙니다.

20㎝ 원형 케이크 층: 약 40분
23㎝ 원형 케이크 층: 50~55분
23×33㎝ 시트 케이크: 60~65분
컵케이크: 20~22분

Tender Lemon Cake

텐더 레몬 케이크

무염버터 2½스틱(1¼컵): 실온 상태 + 팬에 바를 약간

무표백 중력분 3¾컵 + 팬에 뿌릴 덧가루

베이킹파우더 1큰술과 ¾작은술

코셔 소금 ¾작은술

설탕 2½컵

큰 달걀 5개: 실온 상태

곱게 간 레몬제스트: 레몬 1½개 분량

바닐라 엑스트랙트 1¼작은술

버터밀크 1¼컵

1. 오븐을 163℃로 예열합니다. 케이크 팬에 버터를 바르고 유산지를 깝니다. 유산지에 버터를 바릅니다. 덧가루를 뿌리고 여분을 털어냅니다. 컵케이크의 경우 머핀 틀에 종이 유산지 컵을 깝니다.

2. 중간 크기 볼에 밀가루, 베이킹파우더, 소금을 섞습니다. 전동 믹서에 버터와 설탕을 넣고 연한 미색으로 풍성해질 때까지 중속에서 3~5분 동안 휘젓습니다. 달걀을 한 번에 하나씩 넣고 필요에 따라 볼의 옆면을 긁어내리며 잘 저어줍니다. 제스트와 바닐라를 넣고 섞습니다.

3. 믹서를 저속으로 낮추고 밀가루 혼합물을 세 번으로 나누어 버터밀크와 번갈아 넣는데 밀가루로 시작하고 끝을 맺습니다.

4. 반죽을 준비된 팬에 골고루 나누어 담고 오프셋 스패출러로 윗면을 평평하게 고릅니다. 황갈색으로 변하고 케이크 테스터로 가운데를 찔러보아 깨끗하게 나오는 정도까지 굽습니다(아래 권장 시간 참고). 팬을 식힘망으로 옮겨 15분 동안 식힙니다. 식힘망 위에 케이크나 컵케이크를 꺼낸 후 완전히 식힙니다.

20㎝ 원형 케이크 층: 45~50분
23㎝ 원형 케이크 층: 약 50분
23×33㎝ 시트 케이크: 60~65분
컵케이크: 약 25분

Basic Chocolate Cake

베이직 초콜릿 케이크

무염버터 3스틱(1½컵): 실온 상태 + 팬에 바를 약간

무가당 더치-프로세스 코코아가루 ¾컵 + 팬에 뿌릴 덧가루

끓는 물 ½컵

박력분(셀프라이징 아닌 것) 3컵

베이킹소다 1작은술

코셔 소금 ½작은술

설탕 2¼컵

바닐라 엑스트랙트 1큰술

큰 달걀 4개: 가볍게 저어 푼 것

우유 1컵

1. 오븐을 175℃로 예열합니다. 케이크 팬에 버터를 바르고 유산지를 깝니다. 유산지에 버터를 바릅니다. 덧가루를 뿌리고 여분을 털어냅니다. 컵케이크의 경우 머핀 틀에 종이 유산지 컵을 깝니다.

2. 작은 볼에 코코아와 끓는 물을 넣고 부드러운 페이스트가 될 때까지 저은 후 식힙니다. 중간 크기 볼에 밀가루, 베이킹소다, 소금을 넣고 섞습니다.

3. 전동 믹서에 버터와 설탕을 넣고 연한 미색으로 풍성해질 때까지 중속에서 3~5분 동안 휘젓습니다. 바닐라를 넣고 젓습니다. 달걀을 천천히 흘려 부으면서 골고루 섞습니다.

4. 우유를 코코아 페이스트에 천천히 넣으며 젓습니다. 믹서를 저속으로 낮추고 밀가루 및 코코아 혼합물을 모두 버터 혼합물에 천천히 넣으며 젓습니다.

5. 반죽을 준비된 팬에 골고루 나누어 담고 오프셋 스패출러로 윗면을 평평하게 고릅니다. 케이크 테스터로 가운데를 찔러보아 깨끗하게 나오는 정도까지 굽습니다(아래 권장 시간 참고). 팬을 식힘망으로 옮겨 10분 동안 식힙니다. 식힘망 위에 케이크나 컵케이크를 꺼낸 후 완전히 식힙니다.

20㎝ 원형 케이크 층: 35~40분

23㎝ 원형 케이크 층: 50~55분

23×33㎝ 시트 케이크: 45~50분

컵케이크: 약 25분

One-Bowl Chocolate Cake

원-볼 초콜릿 케이크

무염버터: 팬에 바를 약간

무가당 더치-프로세스 코코아가루 1½컵 + 팬에 뿌릴 덧가루

무표백 중력분 3컵

설탕 3컵

베이킹소다 1큰술

베이킹파우더 1½작은술

코셔 소금 1½작은술

큰 달걀 3개: 실온 상태

따뜻한 물 1½컵

버터밀크 1½컵

홍화씨 오일 ¾컵

바닐라 엑스트랙트 1½작은술

1. 오븐을 175℃로 예열합니다. 케이크 팬에 버터를 바르고 유산지를 깝니다. 유산지에 버터를 바릅니다. 덧가루를 뿌리고 여분을 털어냅니다. 컵케이크의 경우 머핀 틀에 종이 유산지 컵을 깝니다.

2. 중간 크기 볼에 코코아, 밀가루, 설탕, 베이킹소다, 베이킹파우더, 소금을 넣고 섞습니다. 달걀, 따뜻한 물, 버터밀크, 오일, 바닐라를 추가합니다. 전동 믹서 저속에서 부드러워질 때까지 약 3분 동안 섞습니다.

3. 반죽을 준비된 팬에 골고루 나누어 담습니다. 케이크 테스터로 가운데를 찔러보아 깨끗하게 나오는 정도까지 굽습니다(아래 권장 시간 참고). 팬을 식힘망으로 옮겨 20분 동안 식힙니다. 식힘망 위에 케이크나 컵케이크를 꺼낸 후 완전히 식힙니다.

20㎝ 원형 케이크 층: 35~40분

23㎝ 원형 케이크 층: 50~55분

23×33㎝ 시트 케이크: 약 75분

컵케이크: 20~25분

Mix-and-Match Fillings

믹스-앤-매치 필링

레몬, 패션푸르트, 크랜베리—디저트에 환한 빛을 더해주어 저희 마샤 팀원들 모두가 좋아하는 재료랍니다. 26쪽의 텐더 레몬 케이크 층 사이에 시트러스-무스 필링을 넣어보세요. 재주 많은 커드는 두 가지 케이크(68쪽과 74쪽)와 컵케이크(178쪽) 모두에서 활약합니다. 최대 5일 전에 미리 만들어두어도 됩니다.

Citrus Mousse Filling

시트러스 무스 필링

약 5½컵 분량

무향 젤라틴 1¼작은술

차가운 물 2큰술

그래뉴당 1¼컵

곱게 간 라임제스트 1큰술 + 신선한 라임즙 ¼컵(라임 2개에서 추출)

큰 달걀 7개의 노른자와 달걀 2개의 흰자

신선한 레몬즙 ½컵(2~3개의 레몬에서 추출)

코셔 소금 ¼작은술

무염버터 1스틱(½컵)과 2큰술: 1.3㎝ 크기로 자른 것

헤비크림 1컵

슈거파우더 3큰술: 체 친 것

1. 작은 볼에 찬물을 담고 젤라틴을 뿌립니다. 부드러워질 때까지 약 5분 동안 그대로 놓아둡니다. 한편 중간 크기 소스팬에 그래뉴당 1컵, 제스트, 달걀노른자를 넣고 섞습니다. 라임즙과 레몬즙, 소금을 넣고 저어줍니다. 버터를 넣고 중강불을 켭니다. 버터가 녹고 혼합물이 스푼 뒤에 붙을 정도로 걸쭉해질 때까지 약 5분 동안 계속 저으며 끓입니다. 젤라틴 혼합물을 넣고 섞습니다. 완전히 녹을 때까지 1분 더 끓입니다.

2. 커드를 고운체에 걸러 변성 없는 그릇에 받습니다. 랩을 커드 표면에 밀착시켜 덮습니다. 냉장실에 넣고 약 1시간 동안 차갑게 보관합니다(또는 얼음물에 약 15분 동안 담그고 저어가며 식힙니다).

3. 크림에 슈거파우더를 넣고 단단한 뿔이 형성될 때까지 휘젓습니다. 커드를 잠깐 저어서 풀어주고 휘핑크림에 넣습니다. 전동 믹서에 달걀흰자를 넣고 부드러운 뿔이 형성될 때까지 휘젓다가 남은 그래뉴당 ¼컵을 천천히 넣으며 단단한 뿔이 형성될 때까지 휘젓습니다. 커드 혼합물에 살포시 넣고 섞습니다. 밀폐용기에 담아 최소 1시간에서 최대 2일까지 냉장보관합니다.

Passionfruit Curd

패션푸르트 커드

약 2컵 분량

설탕 1컵

패션푸르트 퓨레 ½컵

큰 달걀 6개의 노른자: 살짝 저어 푼 것

무염버터 6큰술: 조각낸 것

1. 중간 크기 소스팬에 설탕과 패션푸르트 퓨레를 넣고 섞습니다. 중강불에서 재빨리 끓어오르게 합니다.

2. 한편 중간 크기 볼에 달걀노른자를 넣고 가볍게 풀어줍니다. 패션푸르트 혼합물 ¼컵을 달걀에 천천히 넣습니다. 혼합물을 소스팬에 다시 넣고 계속 저어줍니다. 걸쭉해지고 스푼 뒷면에 달라붙을 때까지 2~4분 동안 끓입니다.

3. 고운체를 내열용기에 받치고 혼합물을 거릅니다. 버터를 한 번에 몇 조각씩 넣으며 완전히 섞어줍니다. 랩을 커드 표면에 밀착시켜 덮고 최소 2시간에서 최대 5일까지 냉장 보관합니다.

Coconut Lemon Curd

코코넛 레몬 커드

약 2½컵 분량

가당 코코넛 채 1컵

설탕 1컵

옥수수전분 1큰술

곱게 간 레몬제스트 1작은술 + 신선한 레몬즙 ½컵(레몬 2~3개에서 추출)

곱게 간 마이어 레몬제스트 1작은술 + 신선한 레몬즙 ¼컵(레몬 1~2개에서 추출)

코셔 소금 ½작은술

큰 달걀 8개의 노른자

무염버터 1스틱(½컵)과 2큰술: 조각낸 것

1. 오븐을 175℃로 예열합니다. 베이킹시트에 코코넛을 한 겹으로 펼쳐놓습니다. 건조되었지만 색이 노릇노릇하게 변하지 않는 정도까지 약 10분 동안 굽습니다. 식힙니다.

2. 중간 크기 소스팬에 설탕, 옥수수전분, 두 가지 제스트, 소금을 넣고 섞습니다. 달걀노른자를 넣은 다음 두 가지 레몬즙을 넣습니다. 버터를 넣고 중불에서 계속 저으며 끓입니다. 버터가 녹고 혼합물이 걸쭉해져서 스푼 뒷면에 붙고, 팬 중앙에 거품이 생길 때까지 약 5분 동안 끓입니다.

3. 중간망의 체를 볼에 받치고 혼합물을 거릅니다. 고형물을 눌러 가능한 많은 액체를 받은 다음 고형물은 버립니다. 랩을 커드 표면에 밀착시켜 덮습니다. 냉장실에 넣고 매우 단단하고 차가워질 때까지 최소 2시간에서 최대 3일까지 보관합니다. 사용 전 저어서 풀어준 다음 코코넛을 넣고 섞습니다.

Cranberry Curd

크랜베리 커드

약 2½컵 분량

신선한 또는 냉동 크랜베리 340g(3컵)

설탕 ¾컵

신선한 오렌지즙 ⅔컵(큰 오렌지 2개에서 추출)

코셔 소금 ¼작은술

무염버터 6큰술: 실온 상태

큰 달걀 1개와 큰 달걀 2개의 노른자

1. 중간 크기 소스팬에 크랜베리, 설탕, 오렌지즙, 소금을 넣고 중불에서 끓입니다. 크랜베리가 터져서 허물어지는 정도까지 약 10분 동안 뭉근히 끓입니다. 불을 끕니다. 버터를 넣고 저어가며 녹입니다. 중간망 체를 볼에 받치고 혼합물을 거릅니다. 고형물을 눌러가며 가능한 많은 액체를 받은 다음 고형물은 버립니다.

2. 다른 볼에 달걀과 달걀노른자를 넣고 휘젓습니다. 크랜베리 혼합물 1컵을 달걀 혼합물에 넣고 천천히 저은 후 남은 크랜베리 혼합물과 함께 다시 소스팬에 넣습니다. 중약불에서 이따금씩 저으며 걸쭉하고 스푼 뒷면에 달라붙을 정도까지 약 6분 동안 뭉근히 끓입니다. 랩을 커드 표면에 밀착시켜 덮고 냉장실에서 최소 2시간에서 최대 5일까지 차갑게 보관합니다.

Orange Curd

오렌지 커드

약 2½컵 분량

설탕 1컵

오렌지제스트 간 것 1큰술 + 신선한 오렌지즙 ½컵

레몬제스트 간 것 1큰술 + 신선한 레몬즙 ½큰술

달걀 8개의 노른자: 실온 상태

코셔 소금 ¼작은술

무염버터 1스틱(½컵)과 2큰술: 1.3㎝ 크기로 자른 것

1. 중간 크기 소스팬에 설탕, 두 가지 제스트, 달걀노른자를 넣고 섞습니다. 두 가지 즙과 소금을 넣고 섞습니다. 버터를 넣고 중강불에서 계속 저으며 버터가 녹고 혼합물이 스푼 뒷면에 붙을 정도까지 약 5분 동안 뭉근히 끓입니다(팔팔 끓이지 마세요).

2. 불을 끄고 계속 젓습니다. 고운체를 내열용기에 받치고 커드를 거릅니다. 랩을 커드 표면에 밀착시켜 덮고 냉장실에서 최소 2시간에서 최대 5일까지 차갑게 보관합니다.

How to Fill a Pastry Bag

짤주머니 채우는 방법

짤주머니와 깍지는 별도로 판매되기도 하고 세트로 판매되기도 합니다. 기본적인 세트로 먼저 해보다가 실력이 늘어감에 따라 추가하는 것이 좋습니다. 일회용 짤주머니는 묶음으로 살 수 있지만 베이킹을 많이 하는 경우라면 재사용 가능한 짤주머니도 생각해보세요. 어떤 것이든 짤주머니를 올바르게 준비하는 것이 우선입니다.

---

1. 짤주머니의 끝 잘라내기:
짤주머니 안에 커플러 베이스가 들어가도록 뾰족한 끝을 잘라냅니다. 짤주머니에 커플러 베이스를 넣고 나삿니가 꼼꼼하게 덮였는지 확인합니다. (또는 짤주머니에 커플러 베이스를 먼저 넣고 끝을 얼마나 잘라야 하는지 가늠해보아도 됩니다.)

2. 깍지 끼우기:
원하는 깍지를 커플러 베이스 겉에 끼웁니다. 바깥 링을 돌려 고정시킵니다. 같은 색 프로스팅을 다른 깍지로 짤 경우 바깥 링을 돌리기만 하면 깍지를 빼서 갈아끼울 수 있습니다.

3. 짤주머니 안에 프로스팅 담기:
한 손으로 짤주머니를 쥐고 윗부분을 손목까지 접어줍니다. 프로스팅이 넘쳐흐르지 않도록 짤주머니의 절반만 채웁니다. 접었던 곳을 펴고 프로스팅을 깍지까지 밀어 기포를 없앱니다. 짤주머니 상단을 비틀어 묶거나 서류집게 및 고무줄로 봉합니다. 여러 가지 색상을 사용하는 경우 작업을 시작하기 전에 미리 모든 색의 짤주머니를 만들어 둡니다. 작업 중에는 각각의 짤주머니를 기다란 유리컵 속에 세워둡니다.

4. 디자인하기:
주로 쓰는 손으로 짤주머니 윗부분을 움켜쥐고 다른 손으로 방향을 조정합니다. 프로스팅을 점점 깍지 쪽으로 밀어올리고 압력의 강약을 조절하며 디자인합니다.

DECORATING TIP

프로스팅이 묽어지기 시작하면
냉장실에 잠깐 넣어두세요.
단, 너무 오래 두면
굳어져버리므로 주의합니다.

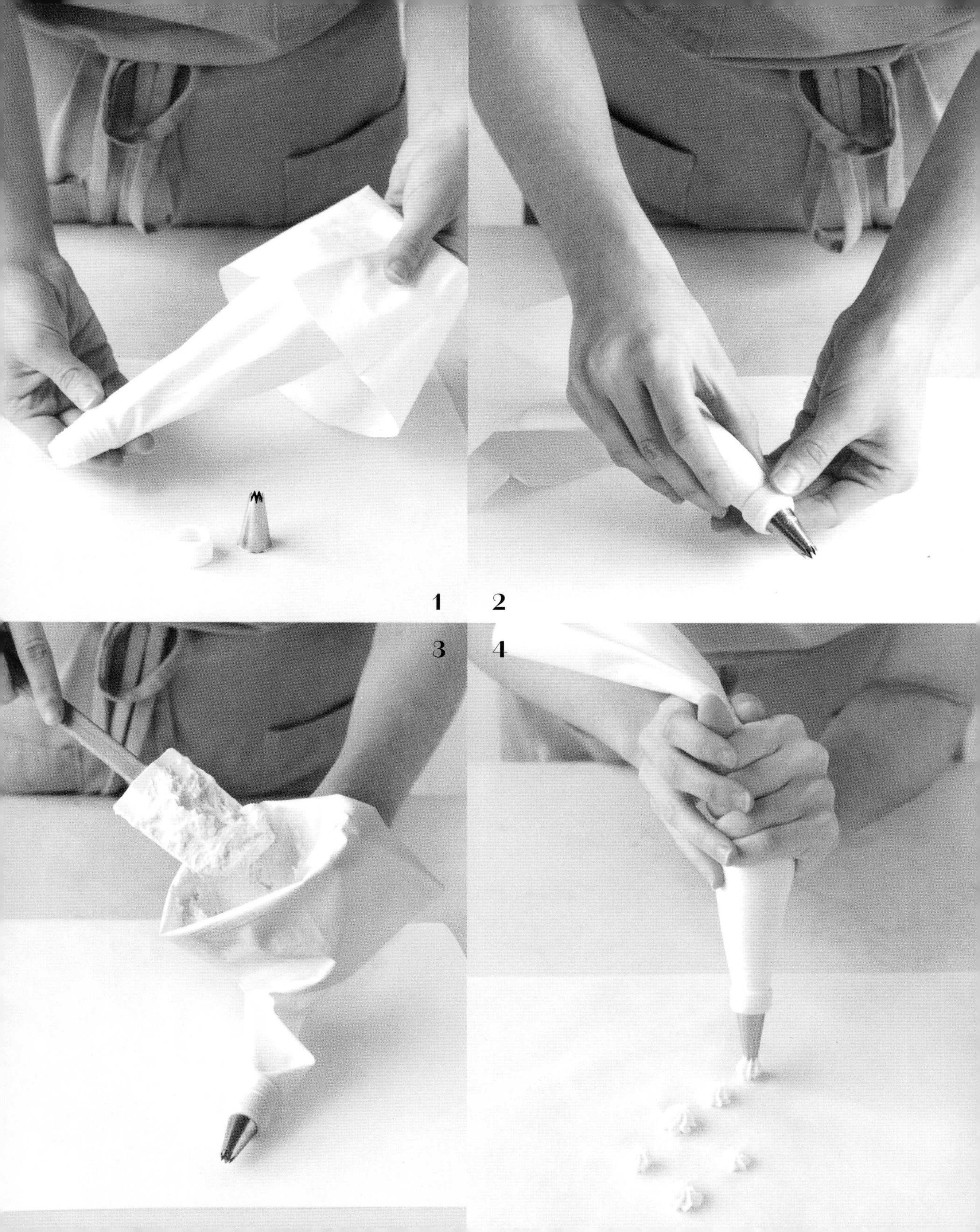
1
2
3
4

Mix-and-Match Frostings

믹스-앤-매치 프로스팅

다음은 S자 및 소용돌이무늬가 잘 만들어져 저희가 애용하는 프로스팅이에요.
케이크를 장식할 때 일반적으로 윗면에는 프로스팅 1~2컵,
층 사이에는 1~1½컵을 바르고 남은 것을 옆면에 바릅니다.

Swiss Meringue Frosting

스위스 머랭 프로스팅

약 5컵 분량

큰 달걀 5개의 흰자: 실온 상태

설탕 1¼컵

타르타르 크림 ¼작은술

바닐라 엑스트랙트 ¾작은술

내열용기에 달걀흰자, 설탕, 타르타르 크림을 넣고 중탕합니다. 만져보아 흰자가 따뜻하게 느껴지고 설탕이 녹을 때까지 2~3분 동안 저어줍니다. (손가락으로 비벼서 걸리는 알갱이 없이 매끈한지 확인합니다.)

Swiss Meringue Buttercream

스위스 머랭 버터크림

약 5컵 분량

큰 달걀 5개의 흰자: 실온 상태

설탕 1¼컵

코셔 소금 한 꼬집

무염버터 4스틱(2컵): 스푼으로 자른 것, 실온 상태

바닐라 엑스트랙트 1½작은술

1. 스탠드 믹서 볼에 달걀흰자, 설탕, 소금을 넣고 중탕합니다. 만져보아 따뜻하게 느껴지고 설탕이 녹을 때까지 2~3분 동안 저어줍니다. (손가락으로 비벼서 걸리는 알갱이 없이 매끈한지 확인합니다.)

2. 스탠드 믹서를 거품기로 갈아끼웁니다. 처음 1분 동안 저속에서 돌리기 시작하고 중속과 고속 사이로 점점 높여 돌립니다. 단단하고 윤이 나는 뿔이 형성될 때까지 7~10분 동안 휘젓습니다.

3. 중속과 저속 사이로 낮추고 버터를 한 번에 2큰술씩 넣으며 잘 저어줍니다. (버터를 추가한 뒤로 버터크림이 분리되는 것처럼 보여도 걱정하지 마세요. 계속 돌리다 보면 다시 매끄러워집니다.) 바닐라를 넣고 가볍게 젓습니다. 믹서를 비터로 갈아끼우고 저속에서 2분 정도 돌려 기포를 모두 제거합니다.

노트: 스위스 머랭 버터크림이 6~8컵 필요한 레시피에는 달걀흰자와 설탕 ¼컵을 추가하면 됩니다.

Chocolate Swiss Meringue Buttercream

초콜릿 스위스 머랭 버터크림

6¼컵 분량

설탕 1¼컵

큰 달걀 5개의 흰자: 실온 상태

코셔 소금 한 꼬집

무염버터 3스틱(1½컵): 스푼으로 자른 것, 실온 상태

비터스위트 초콜릿(카카오 함량 61~70%) 255g: 녹였다가 식힌 것

1. 큰 내열용기에 설탕, 달걀흰자, 소금을 넣고 중탕합니다. 만져보아 따뜻하게 느껴지고 설탕이 녹을 때까지 2~3분 동안 저어줍니다. (손가락으로 비벼서 걸리는 알갱이 없이 매끈한지 확인합니다.)

2. 불을 끕니다. 전동 믹서 고속에서 7~10분 동안 휘저으며 식힙니다(볼 바닥을 만져서 확인함). 믹서를 비터로 갈아끼웁니다. 중속과 고속 사이로 높이고 버터를 한 번에 2큰술씩 넣으며 휘젓습니다. 초콜릿을 넣고 섞습니다.

프로스팅 물들이기

1. 색상을 선택합니다. 저희는 젤-페이스트 식용 색소를 선호하는데(예: 아메리컬러Americolor), 액체 색소보다 더 선명한 색이 나옵니다.

2. 프로스팅을 볼에 나누어 담습니다. 플레인 프로스팅을 약간 남겨두어 색을 밝게 해야 할 때 사용합니다.

3. 이쑤시개 또는 나무 꼬치로 젤 색소를 한 번에 한 방울씩 떨어뜨린 다음 탄력 있는 스패출러로 섞습니다. 시간이 지날수록 색이 진해진다는 것을 염두에 두세요.

Italian Meringue Buttercream

이탈리아 머랭 버터크림

약 4½컵 분량

설탕 1¼컵

큰 달걀 5개의 흰자: 실온 상태

타르타르 크림 약간

무염버터 4스틱(2컵): 차가운 상태, 잘게 다른 것

바닐라 엑스트랙트 1작은술

1. 작은 소스팬에 설탕과 물 ⅔컵을 넣고 중불에서 끓입니다. 시럽이 캔디 온도계로 115℃가 될 때까지(소프트-볼 단계) 계속 끓입니다.

2. 전동 믹서에 달걀흰자를 넣고 저속에서 거품이 생길 때까지 젓습니다. 타르타르 크림을 넣고 중속과 고속 사이로 높인 다음, 단단하지만 마르지 않은 상태가 될 때까지 휘젓습니다. 과도하게 젓지 마세요.

3. 전동 믹서를 고속으로 높이고 설탕 시럽을 달걀흰자에 일정한 흐름으로 넣으며 약 3분 동안 휘젓습니다. 버터를 한 조각씩 넣으며 펴 바를 수 있는 정도가 될 때까지 3~5분 동안 젓습니다. 바닐라를 넣고 섞습니다. (아이싱이 분리되면 계속 저어서 부드럽게 만드세요.)

Seven-Minute Frosting

7분 프로스팅

약 3컵 분량

큰 달걀 2개의 흰자

설탕 ⅔컵

타르타르 크림 ½작은술

연한색 콘시럽 2큰술

차가운 물 ¼컵

큰 내열용기에 달걀흰자, 설탕, 타르타르 크림, 콘시럽, 차가운 물을 넣고 섞은 다음 중탕합니다. 전동 믹서 고속에서 윤이 나고 단단한 뿔이 형성될 때까지 약 5분 동안 휘젓습니다. 불을 끕니다. 만졌을 때 더 이상 따뜻하지 않을 때까지 약 5분 더 돌립니다.

Vanilla Buttercream

바닐라 버터크림

4컵 분량

무염버터 3스틱: 실온 상태

바닐라 엑스트랙트 ½작은술

슈거파우더 453g: 체 친 것(4컵)

우유 2큰술

코셔 소금 한 꼬집

전동 믹서에 버터를 넣고 연한 색으로 크리미해질 때까지 중속과 고속 사이에서 약 2분 동안 휘젓습니다. 속도를 중속으로 낮추고 슈거파우더를 한 번에 ½컵씩 넣으며 잘 저어줍니다. 필요에 따라 볼의 옆면을 긁어내려줍니다. 바닐라, 우유, 소금을 넣고 버터크림이 부드러워질 때까지 저어줍니다.

Strawberry Buttercream

딸기 버터크림

약 5컵 분량

큰 달걀 4개의 흰자: 실온 상태

설탕 1¼컵

무염버터 3스틱(1½컵): 잘게 자른 것, 실온 상태

신선한 딸기 1½컵: 퓨레

1. 내열용기에 달걀흰자와 설탕을 넣고 중탕합니다. 설탕이 녹고 캔디 온도계로 71℃가 될 때까지 젓습니다.

2. 전동 믹서에 혼합물을 넣고 중속에서 5분 동안 휘젓습니다. 중속과 고속 사이로 높이고 단단하고 윤이 나는 뿔이 형성될 때까지 약 6분 동안 휘젓습니다. 중속으로 낮추고 버터를 한 번에 한 조각씩 넣으면서 잘 섞어줍니다.

3. 믹서를 저속으로 낮춥니다. 딸기 퓨레를 넣고 부드러워질 때까지 3~5분 동안 젓습니다.

Coconut Buttercream

코코넛 버터크림

약 4컵 분량

큰 달걀 5개의 흰자: 실온 상태

설탕 1컵

코셔 소금 ¼작은술

비정제 버진 코코넛 오일 6큰술(85g): 실온 상태(고형)

무염버터 3스틱(1½컵): 실온 상태, 잘게 자른 것

1. 내열용기에 달걀흰자, 설탕, 소금을 넣고 중탕합니다. 설탕이 녹고 혼합물이 따뜻하며 손가락 사이로 비벼보아 완전히 매끄럽게 느껴질 때까지 계속 젓습니다. 불을 끕니다. 전동 믹서 저속에서 돌리기 시작하다가 중속과 고속 사이로 점차 높여 단단하고 윤이 나는 뿔이 형성될 때까지 약 2분 동안 휘젓습니다. 볼의 바닥을 만져보았을 때 식은 감이 들 때까지 10분 이상 저어줍니다.

2. 속도를 중속과 저속 사이로 낮추고 코코넛 오일을 한 번에 몇 스푼씩 넣으며 젓습니다. 버터를 한 번에 몇 조각씩 넣고 볼의 옆면을 긁어내리며 젓습니다. 믹서기를 비터로 갈아끼우고 저속에서 부드러워질 때까지 1분 더 돌립니다.

실패한 버터크림 만회하는 방법

프로스팅이 분리되거나 물컹한 기미가 보이면 믹서 속도를 높여 1~3분 더 돌립니다.

Cream Cheese Frosting
크림치즈 프로스팅

약 6컵 분량

무염버터 3스틱(1½컵): 실온 상태

크림치즈 3팩(각 227g): 실온 상태

슈거파우더 4컵: 체 친 것

바닐라 엑스트랙트 1큰술(선택)

코셔 소금 한 꼬집

전동 믹서에 버터를 넣고 중속과 고속 사이에서 부드러워질 때까지 약 2분 동안 휘젓습니다. 크림치즈를 넣고 풍성해질 때까지 휘젓습니다. 저속으로 낮추고 슈거파우더를 한 번에 ½컵씩 넣습니다. 바닐라를 넣고, 선택사항으로 소금을 넣습니다. 볼의 옆면을 긁어내리며 부드러워질 때까지 골고루 섞습니다.

Citrus Cream Cheese Frosting
시트러스 크림치즈 프로스팅

5컵 분량

크림치즈 2팩(각 227g): 실온 상태

무염버터 1스틱(½컵): 실온 상태

슈거파우더 453g: 체 친 것(4컵)

신선하게 간 시트러스제스트 2작은술과 시트러스즙 4작은술

전동 믹서에 크림치즈를 넣고 중속과 고속 사이에서 부드러워질 때까지 약 2분 동안 휘젓습니다. 버터와 설탕을 넣고 부드러워질 때까지 약 5분 동안 휘젓습니다. 제스트와 즙을 넣고 골고루 섞습니다.

Chocolate Frosting
초콜릿 프로스팅

약 4컵 분량

슈거파우더 2¼컵: 체 친 것

무가당 더치-프로세스 코코아가루 ¼컵

코셔 소금 한 꼬집

크림치즈 170g: 실온 상태

무염버터 1½스틱(¾컵): 실온 상태

비터스위트 초콜릿(카카오 함량 61~70%) 255g: 녹였다가 식힌 것

크렘 프레슈 또는 사워크림 ¾컵

중간 크기 볼에 슈거파우더, 코코아, 소금을 체 칩니다. 다른 중간 크기 볼에 크림치즈와 버터를 넣고 전동믹서 중속과 고속 사이에서 부드러워질 때까지 휘젓습니다. 속도를 중속과 저속 사이로 낮추고 코코아 혼합물을 천천히 넣으며 계속 젓습니다. 초콜릿을 천천히 일정한 흐름으로 붓습니다. 크렘 프레슈를 넣고 완전히 식을 때까지 저어줍니다.

White Chocolate Frosting
화이트초콜릿 프로스팅

20㎝ 레이어 케이크 1개를 충분히 덮을 양

크림치즈 2팩(각 227g): 실온 상태

화이트 초콜릿 255g: 굵게 자른 것(1¾컵), 녹였다가 살짝 식힌 것

무염버터 2½스틱(1¼컵): 실온 상태

신선한 레몬즙 2큰술

슈거파우더 1¼컵: 체 친 것

전동 믹서에 크림치즈를 넣고 중속과 고속 사이에서 부드러워질 때까지 약 2분 동안 휘젓습니다. 초콜릿을 넣고 볼의 옆면을 긁어내려주며 부드러워질 때까지 휘젓습니다. 버터와 레몬즙을 넣고 잘 섞어줍니다. 저속으로 낮추고 슈거파우더를 한 번에 ¼컵씩 넣으며 골고루 저어줍니다.

Double Chocolate Frosting
더블 초콜릿 프로스팅

약 4컵 분량

무가당 더치-프로세스 코코아가루 ¼컵

끓는 물 ¼컵

무염버터 2스틱(1컵): 실온 상태

슈거파우더 ¼컵과 2큰술: 체 친 것

코셔 소금 한 꼬집

비터스위트 초콜릿(카카오 70%) 340g: 녹였다가 식힌 것

작은 내열용기에 코코아와 끓는 물을 넣고 코코아가 녹을 때까지 젓습니다. 전동 믹서에 버터, 슈거파우더, 소금을 넣고 중속과 고속 사이에서 연한 미색으로 풍성해질 때까지 3~5분 동안 휘젓습니다. 저속으로 낮춥니다. 녹였다가 식힌 초콜릿을 넣고 필요에 따라 볼의 옆면을 긁어내려주며 섞습니다. 코코아 혼합물을 넣고 완전히 부드러워질 때까지 젓습니다. (프로스팅은 냉장실에서 5일까지 보관할 수 있습니다. 사용 전 실온에 꺼내 저어줍니다.)

Whipped Ganache Frosting
휘핑 가나슈 프로스팅

약 2컵 분량

최고급 세미스위트, 비터스위트 또는 밀크초콜릿 227g: 굵게 자른 것(1½컵)

헤비크림 1컵

코셔 소금 ⅛작은술

중간 크기 내열용기에 초콜릿을 담습니다. 중간 크기 소스팬에 크림을 넣고 끓어오르게 합니다. 초콜릿 위에 붓고 소금을 추가합니다. 10분 동안 그대로 둡니다. 초콜릿이 녹고 혼합물이 부드럽고 빛날 때까지 저어줍니다. 45~60분 동안 실온에서 식힙니다. 전동 믹서 중속과 고속 사이에서 풍성해질 때까지 2~4분 동안 휘젓습니다. 바로 사용합니다.

Chocolate Ganache Glaze
초콜릿 가나슈 글레이즈

약 1½컵 분량

최고급 세미스위트, 비터스위트 또는 밀크초콜릿 227g: 굵게 자른 것(1½컵)

헤비크림 ¾컵

연한색 콘시럽 2큰술

중간 크기 내열용기에 초콜릿을 담습니다. 중간 크기 소스팬에 크림과 콘시럽을 넣고 저으면서 끓입니다. 초콜릿 위에 붓고 10분 동안 그대로 둡니다. 초콜릿이 녹고 혼합물이 윤기가 흐르며 부드러워질 때까지 저어줍니다. 바로 사용합니다.

Chocolate Ganache
초콜릿 가나슈

약 3컵 분량

최고급 세미스위트, 비터스위트 또는 밀크초콜릿 453g: 굵게 자른 것(3컵)

헤비크림 2컵

큰 내열용기에 초콜릿을 넣습니다. 작은 소스팬에 크림을 넣고 뭉근히 끓입니다. 자른 초콜릿에 부은 다음 10분 동안 그대로 둡니다. 골고루 저어 섞습니다. 약 1시간 동안 이따금씩 저으며 한쪽에 놓아둡니다. (바로 사용하지 않을 거면 사용 전까지 랩을 표면에 밀착시켜 덮어둡니다.)

보관 팁

버터크림을 만든 후 몇 시간 안에 사용할 계획이면 그릇을 랩으로 싸서 실온에 놓아두면 돼요. 그렇지 않으면 밀폐용기에 담아 냉장실에 넣고 3일 이내에 사용합니다.

White Chocolate Ganache
화이트초콜릿 가나슈

약 2½컵 분량

화이트초콜릿 340g: 굵게 자른 것

헤비크림 1컵

중간 크기 내열용기에 초콜릿을 담습니다. 작은 소스팬에 크림을 넣고 중불에서 끓기 시작하면 초콜릿 위에 붓습니다. 5분 동안 그대로 둡니다. 스패출러로 살살 저어 완전히 섞습니다. 랩으로 덮은 후, 굳었지만 여전히 펴 바를 수 있을 정도가 될 때까지 냉장실에 약 1시간 동안 넣어둡니다. (가나슈가 너무 굳었다면 실온에 꺼내두거나 전동 믹서로 부드럽게 풀어줍니다.)

Caramel Sauce
캐러멜 소스

약 1컵 분량

설탕 1컵

코셔 소금 ¼작은술

헤비크림 ½컵

바닐라 엑스트랙트 ½작은술

1. 작은 소스팬에 설탕, 소금, 물 ¼컵을 넣고 젓습니다. 중불에서 가끔씩 저어가며 설탕이 녹고 시럽이 투명해질 때까지 끓입니다. 시럽이 끓어오를 때까지 젓지 않고 물에 적신 붓으로 팬의 안쪽 벽을 몇 차례 쓸어내려 설탕이 결정화되는 것을 막습니다. 팬을 가볍게 돌려주며 시럽이 진한 호박색이 될 때까지 8~10분 동안 계속 끓입니다.

2. 불을 끄고 크림을 붓습니다(거품이 생길 수 있음). 바닐라를 넣고 부드러워질 때까지 저어줍니다. 완전히 식힙니다. (밀폐용기에 담아 냉장실에서 최대 2주까지 보관할 수 있습니다. 서빙 전 전자레인지나 작은 냄비에 다시 데웁니다.)

Vanilla-Bean Milk Frosting
바닐라빈 밀크 프로스팅

약 3컵 분량

무표백 중력분 ¼컵

우유 1컵

바닐라 엑스트랙트 1작은술

코셔 소금 한 꼬집

무염버터 2스틱(1컵): 실온 상태

설탕 1컵

바닐라빈 1개: 길게 갈라 긁어낸 씨

1. 작은 소스팬에 밀가루, 우유, 바닐라 엑스트랙트, 소금을 넣고 부드러워질 때까지 젓습니다. 중강불에서 계속 저으며 혼합물이 되직하고 푸딩처럼 될 때까지 3~4분 동안 끓입니다. 그릇에 옮겨 담고 랩을 표면에 밀착시켜 덮습니다. 약 30분 동안 완전히 식힙니다.

2. 전동 믹서에 버터, 설탕, 바닐라 씨를 넣고 중속에서 연한 미색으로 풍성해질 때까지 약 2분 동안 휘젓습니다. 필요에 따라 볼의 옆면을 긁어내려줍니다. 식은 우유 혼합물을 넣고 프로스팅이 휘핑크림처럼 보일 때까지 2~3분 동안 휘젓습니다. 바로 사용합니다.

Whipped Cream
휘핑크림

약 6컵 분량

헤비크림 3컵

설탕 1컵

코셔 소금 ¼작은술

바닐라 엑스트랙트 1큰술

스탠드 믹서에 거품기를 끼웁니다. 믹서기 볼에 크림, 설탕, 소금, 바닐라를 넣고 섞습니다. 저속에서 설탕이 녹을 때까지 약 1분 동안 저어줍니다. 속도를 중속과 고속 사이로 높이고 단단한 뿔이 형성될 때까지 3분 더 돌립니다.

Garnishes and Extras

기타 장식

색색의 스프링클, 설탕에 조린 시트러스, 반짝이는 크랜베리 등,
시선을 사로잡는 마무리 작업에 쓰이는 재료들이에요.
미리 만들어놓았다가 서빙 바로 전에 올리는 것이 좋습니다.

Homemade Sprinkles

홈메이드 스프링클

1¼컵 분량

슈거파우더 1½컵: 체 친 것

연한색 콘시럽 1큰술

바닐라 엑스트랙트 ¼작은술

젤-페이스트 식용 색소: 분홍색, 복숭아색, 홍매색

1. 작은 볼에 설탕, 물 2큰술, 콘시럽, 바닐라를 넣고 섞습니다. 필요에 따라 물을 한 번에 ¼작은술씩 넣어가며 물풀 농도가 될 때까지 저어줍니다. 3개의 작은 볼에 골고루 나누어 담습니다. 젤 색소를 한 번에 한 방울씩 떨어뜨리며 원하는 색을 만듭니다.

2. 짤주머니에 작은 원형 깍지(예: 아테코Ateco #2)를 끼운 후 가장 밝은 색상의 혼합물을 넣습니다. 유산지를 깐 베이킹시트 위에 길고 가느다란 선을 짭니다. 짤주머니에 중간 색상의 혼합물을 넣어 이 과정을 반복한 다음, 가장 어두운 색상의 혼합물을 넣고 반복합니다. 매우 단단하게 굳을 때까지 아무것도 덮지 말고 최소 하룻밤 놓아둡니다. 완전히 마르면 잘게 부수어 ⅓컵을 확보하고, 나머지는 긴 상태 그대로 두었다가 장식할 때 사용합니다.

Candied Citrus Slices

설탕에 조린 시트러스 슬라이스

12개 분량

큰 레몬 또는 큰 오렌지 1개

설탕 1컵

1. 얼음물을 받아 한쪽에 놓아둡니다. 채칼이나 날카로운 칼로 과일을 종잇장처럼 얇은 12개 조각으로 자릅니다. 씨와 양끝의 껍질을 잘라서 버립니다.

2. 중간 크기 소스팬에 물을 넣고 팔팔 끓입니다. 불을 끄고 과일 슬라이스를 넣습니다. 말랑해질 때까지 약 1분 동안 저은 후 물기를 뺍니다. 곧바로 얼음물에 담갔다가 건져 물기를 뺍니다.

3. 중간 크기 냄비에 설탕과 물 1컵을 넣고 끓입니다. 저으면서 설탕을 녹입니다. 액체가 투명하고 거품이 생기면 중약불로 줄입니다. 과일 슬라이스를 집게로 집어 냄비 안에 한 겹으로 펼치며 넣습니다. 껍질이 반투명해질 때까지 약 1시간 동안 뭉근히 끓입니다(팔팔 끓이지 마세요).

4. 과일 슬라이스를 유산지를 깐 베이킹시트 위로 옮기고 사용하기 전까지 그대로 놓아둡니다. 밀폐용기에 담아 실온에서 최대 1일까지 보관할 수 있습니다.

Fresh Ricotta

신선한 리코타

2 ¾컵 분량

최고급 우유 1.9ℓ(8컵)

최고급 헤비크림 1½컵

코셔 소금 1작은술

신선한 레몬즙 ¼컵(레몬 2개에서 추출): 체에 걸러서 껍질 제거

1. 3.7~4.7ℓ 냄비에 우유, 크림, 소금을 넣고 중강불에서 캔디 온도계로 90℃가 될 때까지 약 15분 동안 따뜻하게 데웁니다. 나무 스푼으로 이따금씩 저어서 타지 않도록 주의합니다.

2. 레몬즙을 넣고 가볍게 저어줍니다. 불을 끄고 약 5분 동안 그대로 놓아둡니다. 혼합물 안에 있는 산acid과 남은 열이 반응하여 응고 및 분리되는 현상, 즉 부드러운 덩어리(커드)와 탁한 액체(유청)로 나누어집니다.

3. 채반에 면보를 3겹으로 깔고 조금 더 깊고 큰 볼에 걸칩니다. 커드와 유청을 채반에 살살 붓습니다. 촉촉한 커드에서 유청이 거의 다 빠질 때까지 중간에 유청을 따라버리며 약 20분 동안 그대로 둡니다.

4. 면보 안의 치즈를 감싸 볼로 옮깁니다. 몇 시간 안에 서빙하거나 4일까지 냉장보관할 수 있습니다. 조금 더 뻑뻑한 리코타를 만들려면(베이킹에 더 적합함) 채반에서 한 시간 더 유청을 빼냅니다. 유청은 다른 용도로 재활용하거나 버립니다.

Sugared Cranberries

설탕을 입힌 크랜베리

2컵 분량

설탕 2컵

신선한 또는 일부 녹은 냉동 크랜베리 2컵

초미립 분당 ¾컵

1. 작은 소스팬에 설탕과 물을 넣고 중불에서 저으며 설탕을 녹입니다. 불을 끄고 10분 동안 식힙니다. 크랜베리를 중간 크기 볼에 담고 그 위에 시럽을 붓습니다. 완전히 식힙니다. 랩으로 싸서 하룻밤 냉장실에 넣어둡니다.

2. 채반을 볼에 받치고 크랜베리를 거릅니다. 시럽은 남겨두었다가 다른 용도에 씁니다. 얕은 접시에 초미립당을 깔고 크랜베리를 굴립니다. 설탕을 입힌 크랜베리를 베이킹시트에 한 겹으로 펼치고 실온에서 약 1시간 동안 말립니다.

Chocolate curls

초콜릿 컬

테두리가 있는 베이킹시트 뒷면에 오프셋 스패출러로 녹인 초콜릿을 한 겹 펴 바릅니다. 그대로 굳힙니다. 벤치 스크래퍼를 45도 각도로 대고 초콜릿을 밀어 컬을 만듭니다. 빠르고 간단한 방법으로, 감자칼로 초콜릿 바를 긁어 케이크 위에 바로 떨어뜨립니다.

감사의 글

마샤 스튜어트 팀이 스위스 머랭을 휘핑하고, 케이크 층을 굽고, 새로운 장식 기법을 시험하는 것으로 이 책이 시작되었는데, 인쇄에 들어가면서 COVID-19가 발생했습니다. 선반의 밀가루는 모두 정리되었고 저희는 사회적 거리두기에 들어갔지요. 이 기간 동안 베이킹은 그 어느 때보다도 가족, 친구, 그리고 심지어 저희 자신을 성장시키는 하나의 방법이 되었답니다. 여러분도 이 책으로 베이킹을 하며 기쁨과 평정의 마음을 유지하시길 바랍니다.

이 책이 나올 수 있도록 힘써준 팀에게 특별히 감사드립니다. 전체 책임을 맡은 수전 루퍼트 편집장과 귀중한 도움을 준 사나에 레모인, 나네트 맥심에게 감사를 표합니다. 각 페이지마다 아름다움을 지휘한 아트 디렉터 마이클 맥코믹에게는 기립박수를 보냅니다. 사진작가 레나트 위불은 디지털 테크니션 로리 라일리와 협력하여 각 페이지를 우아하게 만드는 매혹적인 이미지를 포착해주었습니다(전체 사진작가 목록은 248쪽에 있어요). 아트 디렉터 제임스 던린슨과 소품 스타일리스트 메건 헤지페스, 그리고 감각 있는 앤 이스트먼이 모든 사진을 맛있고도 아름답게 보이도록 작업해주었습니다. 푸드 스타일리스트 몰리 웬크와 케이틀린 호트 브라운이 케이크를 사랑하게 되는 새롭고 멋진 방법을 알려주었고, 제빵사 섀넌 풀너와 잔넷 제페다-달비 또한 성실하고 즐거운 마음으로 도와주었습니다.
마샤 스튜어트 랩의 친구 및 동료들, 무한한 영감을 주고 가이드가 되어준 것에 진심으로 감사의 말을 전합니다. 또한 변함없는 성원을 보내준 마퀴 브랜즈 그룹, 특히 케빈 샤키, 토머스 조셉, 카비타 티루푸아남, 킴 더머, 캐롤린 드 안젤로에게 감사드립니다. 가족 같은 우리의 클락슨 포터사가 마샤의 쿠키 퍼펙션 후속작으로 이 책을 제안해주었습니다. 제니퍼 시트, 제니퍼 왕, 테리 딜, 킴 타이너, 리디아 오브라이언, 메리사라 퀸, 스테파니 헌트워크, 애런 웨너, 도리스 쿠퍼, 케이트 타일러, 스테파니 데이비스, 그리고 자나 브랜슨에게 감사드립니다.
마지막으로 어려운 시기에 우리 사회가 무사히 돌아가도록 애써주시는 모든 분들에게 진심으로 감사드립니다.

사진 저작권

아래를 제외한 모든 사진의 저작권은 레나트 위불(Lennart Weibull)에게 있습니다.

시드니 벤시몬Sidney Bensimon: 114, 122쪽
아야 브래킷Aya Bracket: 59쪽
크리스 코트Chris Court: 110쪽
렌 풀러Ren Fuller: 178쪽
브라이언 가드너Bryan Gardner: 16, 117, 134, 233쪽
줄리아 가틀랜드Julia Gartland: 222쪽
레이몬드 홈Raymond Hom: 71쪽
존 커닉John Kernick: 181쪽
마이크 크라우터Mike Krautter: 39, 50, 113, 177쪽
라이언 리베Ryan Liebe: 11, 42, 56, 151쪽
케이트 매티스Kate Mathis: 205쪽
제임스 머렐James Merell: 206쪽
조니 밀러Johnny Miller: 5, 6, 9, 60, 99, 227, 230, 236, 243쪽
마커스 닐슨Marcus Nilsson: 32, 36, 118, 125쪽
응옥 민 응오Ngoc Minh Ngo: 26, 65, 67, 75, 86, 155쪽
파올로 + 머레이Paolo + Murray: 126쪽
콘 풀로스Con Poulos: 189쪽
아르만도 라파엘Armando Rafael: 133, 198쪽
앤슨 스마트Anson Smart: 85쪽
알파 스무트Alpha Smoot: 130, 141, 142, 156, 160, 164쪽
유키 수기우라Yuki Sugiura: 15, 19, 176쪽
로물로 야네스Romulo Yanes: 106쪽
저스틴 워커Justin Walker: 217쪽

찾아보기

ㄱ

ㄷ

ㅁ

ㅌ

ㅍ

ㅎ

기타

On the Cover

표지 케이크는 45쪽 초콜릿-바닐라 얼룩말 케이크 위에 한 층을 더 올린 거예요.
초콜릿 프로스팅을 바르고 차갑게 굳힌 다음 다크초콜릿 가나슈를 부어서 더욱 윤기가 흐르고 초콜릿 맛이 진해졌답니다.

마샤 스튜어트의 케이크 퍼펙션

초판 1쇄 발행 2021년 12월 31일

지은이 마샤 스튜어트 리빙
옮긴이 최경은
펴낸이 한승수
펴낸곳 티나

편 집 이상실
마케팅 박건원 김지윤
디자인 이유진

등록번호 제2016-000080호
등록일자 2016년 3월 11일

주 소 서울특별시 마포구 연남동 565-15 지남빌딩 309호
전 화 02 338 0084
팩 스 02 338 0087
E-mail hvline@naver.com

ISBN 979-11-88417-32-2 13590

*책값은 뒤표지에 있습니다.
*잘못된 책은 구입처에서 교환해드립니다.
*티나(teena)는 문예춘추사의 취미실용 브랜드입니다.